U0175438

卫星资料广义同化、大气科学中的数学反问题与人工智能应用
——学习笔记

Satellite data generalized assimilation, mathematical inverse problems
in atmospheric science and application of artificial intelligence
—Learning notes of Wang Gen

王 根 著

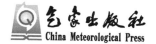

气象出版社
China Meteorological Press

内容简介

本书阐述了气象卫星红外资料进入数值天气预报模式所涉及的资料质量控制、同化及正则化数学反问题和人工智能在大气科学中的应用。第一篇,介绍了卫星红外资料广义质量控制,包括亮温重构、通道选择、异常值剔除、偏差订正、云检测等。卫星红外资料非高斯广义变分同化理论探索及应用。第二篇,介绍了基于数学反问题和人工智能卫星红外资料反演降水、资料不连续融合、台风主导云系识别与追踪及未来研究方向。

本书可作为卫星遥感相关专业辅助读本,对于从事卫星红外资料定量化遥感应用及服务等方面的科研和业务人员也是较好的参考书。

图书在版编目(CIP)数据

卫星资料广义同化、大气科学中的数学反问题与人工
智能应用 :学习笔记 / 王根著 . —北京:气象出版社,
2020.8(2021.6重印)

ISBN 978-7-5029-7233-2

Ⅰ.①卫… Ⅱ.①王… Ⅲ.①人工智能—应用—气象
卫星—资料处理—广义质量—研究 Ⅳ.①V474.2

中国版本图书馆 CIP 数据核字(2020)第 132082 号

Weixing Ziliao Guangyi Tonghua Daqi Kexue zhong de Shuxue Fanwenti yu Rengong
Zhineng Yingyong——Xuexi Biji

卫星资料广义同化、大气科学中的数学反问题与人工智能应用——学习笔记
王 根 著

出版发行:气象出版社

地 址:北京市海淀区中关村南大街 46 号	**邮政编码:**100081
电 话:010-68407112(总编室) 010-68408042(发行部)	
网 址:http://www.qxcbs.com	**E-mail:** qxcbs@cma.gov.cn
责任编辑:黄红丽 林雨晨	**终 审:**吴晓鹏
责任校对:王丽梅	**责任技编:**赵相宁
封面设计:地大彩印设计中心	
印 刷:北京建宏印刷有限公司	
开 本:710 mm×1000 mm 1/16	**印 张:**8.5
字 数:180 千字	
版 次:2020 年 8 月第 1 版	**印 次:**2021 年 6 月第 2 次印刷
定 价:60.00 元	

本书如存在文字不清、漏印以及缺页、倒页、脱页等,请与本社发行部联系调换。

前　言

　　数值天气预报是一个初/边值问题。同化卫星资料则为数值预报模式提供尽可能精确初始状态提供了可能。气象卫星对中小尺度天气预报、台风及暴雨等重大灾害性天气预报准确率提高有着关键作用。静止气象卫星时间分辨率高,空间覆盖范围广,可弥补无雷达地区资料不足,为气象观测提供更丰富信息。

　　以生物多样性、生态环境和水文气象为导向的项目需要高质量降水产品。由于异质性,降水较难估算。相对于极轨卫星,静止卫星高时间分辨率,能实现大范围、快速和长期连续大气观测,对高影响天气监测和预报至关重要。相对于雷达观测,其能提前识别出将要发生的对流信息。卫星红外探测器只能探测云顶信息,当降水强度超过一定阈值时,探测器信号会"饱和",故基于卫星红外光谱亮温反演降水一直是研究热点和难点。近年来随着地球系统科学及交叉学科(如数学反问题、多源数据融合、人工智能等)兴起和发展,为遥感定量化降水反演提供了很好的机遇。

　　本书内容为作者多年的科研工作及学习心得,涉及内容广,包括图像处理、模式识别、卫星资料质量控制、广义变分同化、卫星反演降水、多源数据融合、台风主导云系识别与预报等,很多领域算法相通,本书算法可推广性极强。相关研究内容得到了国内外专家和导师们指导,在引用相关参考文献中以表示感谢,在此不一一罗列相关名字。本书的成果在国家自然科学基金青年项目(41805080)、中亚大气科学研究基金项目(CAAS202003)、安徽省自然科学基金青年项目(1708085QD89)、中国气象局沈阳大气环境研究所开放基金课题(2016SYIAE14)中得到了很好的应用。

　　本书的出版,获得了如下两个基金项目的资助:国家自然科学基金青年项目"风云四号高光谱 GIIRS 水汽通道最优选择与变分同化方法研究"(编号:41805080);中亚大气科学研究基金项目"基于风四资料智能判识与数值同化的中亚区域降水监测与预报研究"(编号:CAAS202003)。

　　学好卫星资料遥感定量化应用需有"基础数学功底＋应用数学能力＋编程能力＋气象背景＋灵感"。滴水穿石非一日之功,既然选择了远方,便只顾风雨兼程。

　　由于出版时间和版面等原因,本人有一些工作未给出。另外,基于相对熵非线性高光谱通道最优选择、物理约束降水反演、对流初生及追踪系统、人工智能与数值模式耦合、基于人工智能的模式检验和云物理参数优化等研究工作的介绍见本书后续版本。本书仅为个人学习心得，有些问题分析是否正确，有些方法是否真正科学，有待商榷。

王根
于安徽省气象科技园雷达楼
2020 年 5 月

目　　录

第 2 篇 大气科学中的数学反问题和人工智能在卫星资料中的应用

第 9 章 数学反问题和卫星红外资料反演降水关键问题分析

第 11 章　多源数据融合——不连续资料三维/四维变分融合及降水应用

第1篇　卫星资料广义同化

第1章　卫星遥感大气原理及辐射传输

太阳不断地向地球发射能量,处于绝对零度以上的任何物体(如地球),也在不断向外辐射能量。在大气和地面之间以及不同大气层之间,辐射传输是能量交换的主要方式,地球-大气系统的辐射差额是天气变化和气候形成及演变的基本因素。辐射传输理论是卫星遥感和大气探测的基础。卫星遥感探测地球大气系统温度、湿度、云、雨等气象要素,是通过地球大气系统发射、反射和散射电磁辐射实现。电磁辐射规律是基于光谱信息的卫星遥感大气基础,所以需了解与电磁辐射有关的辐射、传输规律和大气吸收谱等知识(廖国男,2004;刘辉,2006)。

1.1　卫星大气探测原理

1.1.1　被动遥感探测技术

所谓被动遥感就是利用星载探测器从卫星上遥测来自地球大气的电磁波辐射信息,从而间接推导出表征大气物理状态的各种参量。被动遥感与一般常规观测原理和方法有着根本性区别,常规观测是将感应器件置于被测环境中直接对大气状态进行测量(刘辉,2006;官莉,2008)。

1.1.2　大气吸收和发射

电磁辐射能在大气中传输时会不断减弱,这是由大气吸收和散射作用引起。吸收作用主要发生在辐射光谱红外、微波波段,散射作用主要发生在辐射光谱可见光波段。吸收作用强弱不但与波长有关,还与大气温度、压力及大气中吸收物质含量有关。在大气吸收作用强的波段内,大气发射的辐射也强,大气一方面吸收一部分太阳短波辐射能及地球长波辐射能,同时也通过自身温度辐射发出能量。发出的辐射能主要来自红外和微波波段。

1.1.3　大气选择性吸收

　　大气在发射辐射的同时也在吸收辐射,其最重要的特性是选择性吸收。大气只吸收一些特定频段的电磁辐射。在没有大气吸收的窗区,地面的热辐射可直接到达卫星上的传感器。在大气吸收带的中心,只有大气顶部的热辐射可到达卫星传感器。从吸收带中心向两翼,气体对大气辐射吸收逐渐减弱,使得卫星传感器可接收来自大气不同高度层的热辐射。这一特征可用于卫星不同探测通道权重函数。

1.1.4　大气红外吸收谱

　　在红外波段,电磁辐射的主要吸收物是二氧化碳、水汽和臭氧。二氧化碳在 $4.3~\mu m$ 和 $15~\mu m$ 分别有一个吸收带,可用于探测大气温度结构;水汽在 $6.3~\mu m$ 有一个较强吸收带,可用于探测大气湿度结构;臭氧在 $9.6~\mu m$ 有一个吸收带,可用于探测臭氧总含量;考虑非局部热动平衡效应影响,在进行高光谱红外探测器通道最优选择时需剔除波数为 $2220\sim2287~cm^{-1}$ 的通道。大气二氧化碳浓度稳定,其热辐射信号强度变化主要取决于大气温度,利用它可探测温度分布及变化;大气水汽和臭氧等微量成分变化较快,它们的热辐射信号变化主要取决于温度及成分浓度变化。

　　图 1.1 给出的是地球观测系统 EOS/Aqua 携带的高光谱大气红外探测器(Atmospheric Infrared Sounder,AIRS)的示意图。其高光谱 AIRS 光谱覆盖 $3.7\sim15.4~\mu m$($650\sim2700~cm^{-1}$)波段,分为 $3.74\sim4.61~\mu m$、$6.20\sim8.22~\mu m$ 和 $8.80\sim15.4\mu m$ 三个波段,共 2378 个通道。背景为高光谱 AIRS 的 2378 个通道模拟亮温分布。其中亮温的单位为:K,波数的单位为:cm^{-1}。

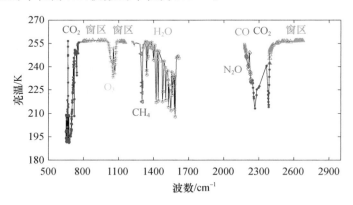

图 1.1　EOS/Aqua 高光谱 AIRS 红外光谱覆盖示意图

1.1.5　大气垂直探测原理

　　根据大气吸收、发射及选择性吸收特点,研制一组卫星探测器。如研制的卫探测器有足够多接收通道,且选择在从吸收带中心到边缘不同位置,可获取大气不同高度热辐射。根据大气辐射传输方程可从中推导出大气各层气体成分和热力状态。明确了地表温度、大气温度分布和气体成分垂直分布等,利用快速计算大气透过率模式,则可计算到达卫星探测器的地气系统辐射量,此为"正演问题",也称"正问题"。反之,如果知道卫星仪器在不同光谱频带上的观测辐射量,去推导大气温度及吸收气体的分布等,则为"反演问题",也称为"反问题"。正演是一对一的映射关系,而反演是多对一的映射关系,即反演解不唯一,所以反演问题要比正演问题复杂(曾庆存,1974;曾忠一,2006),但可在反问题中加入正则化约束项,从而得到"适定解"。

1.2 大气辐射传输方程与模式

1.2.1 大气辐射传输方程

由于气象卫星不能直接探测大气温度、湿度变量,而是探测许多频谱波段(称为"通道")内辐射到空间的热辐射率。在大气辐射科学中,可采用辐射传输方程作为联系大气温度和吸收气体结构等基本控制方程(廖国男,2004;刘辉,2006):

$$I(v,\theta) = \varepsilon_v B(v, T(P_s))\tau_s(v, P_s, \theta) + \int_{\ln P_s}^{\ln P_\infty} B(v, T(P))(\partial \tau(v, P, \theta)/\partial \ln P)\mathrm{d}\ln P$$

$$(1.1)$$

式中,$I(v,\theta)$ 为晴空条件下(通道频率 v、卫星天顶角为 θ)大气层顶向上的外辐射;ε_v 为地表发射率;$B(v, T(P))$ 为普朗克(Planck)函数;$\tau(v, \theta, P)$ 为从气压层到大气顶的透过率,包含大气湿度廓线 $q(P)$;P 为气压;P_s 为地面气压,P_∞ 为大气上界处的气压;$T(P)$ 为大气温度廓线;T_s 为地面温度。

式(1.1)中第一项表示来自地面的辐射经过大气削弱后对卫星探测器通道辐射量贡献;第二项表示大气自身贡献;$\partial \tau(v, P, \theta)/\partial \ln P$ 表示中心频率为 v 的通道权重函数,表现为大气透过率随高度的变化。

1.2.2 辐射传输模式及光谱系数

基于数值天气预报(numerical weather prediction,NWP)的卫星红外辐射应用,特别是卫星资料同化和大气廓线等反演,需要精确和快速的辐射传输模式(radiative transfer model,RTM)。比较常用的为泰罗斯(Television and Infra Red Observation Satellite,TIROS)业务垂直探测器辐射传输模式 RTTOV(radiative transfer for TIROS operational vertical sounder)(Di et al,2018;Saunders et al,2018)。RTTOV 网址为:https://www.nwpsaf.eu/site/software/rttov/。RTM 核心是快速透过率计算,是由一组不同大气廓线精确计算逐线(line by line,LBL)积分并参数化。影响

快速 RTM 辐射模拟不确定性的重要因素是利用 LBL 模型从不同大气廓线产生的高光谱分辨率透射率数据库以及用于快速透射率计算的参数化方案。针对 FY-4A 星上搭载的干涉式大气垂直探测仪(geostationary interferometric infrared sounder, GIIRS)覆盖区域,Di 等(2018)提出了基于局部区域样本法生成 FY-4A/GIIRS 可用的 RTTOV 光谱系数,使其资料能有效地同化进我国自主研发 GRAPES(Global/Regional Assimilation and Prediction Enhanced System)模式,以改进台风预报(Chen et al,2019)。

目前用于高光谱 AIRS 或其他卫星通道亮温模拟的辐射传输模式主要有:SARTA(Stand-Alone Radiative Transfer Algorithm)(Strow et al,2003)、美国 CRTM(Community Radiative Transfer Model)(Weng et al,2005)、欧洲中心 RTTOV(Hocking et al,2015;Saunders et al,2018)和中国 ARMS(Advanced Radiative transfer Modeling System)。RTTOV 模式除了温度、湿度、云中液态水等廓线、地表温度、地表湿度和地表类型等外,还包括云参数(有效云量和云顶气压)。RTTOV 模式包括用于卫星通道亮温模拟的正演模式、切线性模式、伴随模式和雅可比(Jacobian)模式(也称为 K 模式)。由辐射传输理论可知,卫星探测器通道 k 观测到的辐射值可写成 R_k:

$$R_k = (1 - N_e)R_k^{clear} + NR_k^{cld}(p_{c,k}) \tag{1.2}$$

式中,N_e 为有效云量;R_k^{clear} 为晴空辐射;$R_k^{cld}(p_{c,k})$ 为云顶气压为 $p_{c,k}$ 的有云辐射。

对于不透明云,N_e 表示有效云量;对于半透明云,N_e 代表云的覆盖和云的发射率。为保证同化业务的时效性,仅考虑云的发射和吸收,不考虑云的反射,且假定不同通道 N_e 值不同,半透明云的发射率独立于波长(Thomas et al,2009)。可通过普朗克(Plank)函数将辐射值转化为相应通道亮温。

第2章　广义质量控制

2.1　经典变分同化理论介绍

资料变分同化根据"最优"数理统计方法,利用一切可获取且可用的信息(如常规、非常规观测资料、大气运动物理规律等)与初猜场(也称背景场)进行有效融合,尽可能准确地估计某一时刻大气状态,为数值天气预报模式提供更好的初值(也称为"分析场")(王根等,2019)。

变分同化是基于线性估计理论,其思想是通过极小化目标泛函迭代求解。经典变分同化方法的基本思想是将资料同化归结为一个表征分析场与观测场、分析场与背景场偏差的二次泛函极小值问题。该目标泛函一般定义为(张华等,2004;王根等,2017d):

$$J = \frac{1}{2}(x-x^{\text{b}})^{\text{T}}\boldsymbol{B}^{-1}(x-x^{\text{b}}) + \frac{1}{2}(\boldsymbol{H}(x)-y^{\text{o}})^{\text{T}}\boldsymbol{R}^{-1}(\boldsymbol{H}(x)-y^{\text{o}}) \quad (2.1)$$

式中,x 为控制变量,极小化后的 x 即为分析场,用作数值预报模式的初始场;x^{b} 为背景场又称第一猜测场(包含温度、湿度和风场等信息);y^{o} 为观测量;$\boldsymbol{B}$ 为背景场误差协方差矩阵;$\boldsymbol{R}=\boldsymbol{O}+\boldsymbol{F}$,分别为观测误差和观测算子(正演模式)代表性误差协方差矩阵;$\boldsymbol{H}$ 为观测算子,对卫星资料而言,即为辐射传输模式。

经过分析和推导,则有:

$$x = x^{\text{b}} + \boldsymbol{B}\boldsymbol{H}^{\text{T}}(\boldsymbol{H}\boldsymbol{B}\boldsymbol{H}^{\text{T}}+\boldsymbol{R})^{-1}(y^{\text{o}}-\boldsymbol{H}x^{\text{b}}) \quad (2.2)$$

式中,$\boldsymbol{H}=\partial H/\partial x$ 为雅可比矩阵。雅可比矩阵表示卫星各通道观测或模拟亮温对待同化或反演大气温度和湿度等的敏感性,又称为温度雅可比和湿度雅可比等(王根等,2017c)。

传统上假定背景误差和观测误差无偏且相互独立,即需满足下列 2 个条件:

(1) $$E(\varepsilon^{\text{b}})=0, E(\varepsilon^{\text{o}})=0 \quad (2.3)$$

(2) $$E(\varepsilon^{\text{b}}\varepsilon^{\text{o}^{\text{T}}})=0 \quad (2.4)$$

式中,$\varepsilon^{\text{b}}=x^{\text{b}}-x^{\text{t}}$,表示背景误差;$\varepsilon^{\text{o}}=y^{\text{o}}-H(x^{\text{t}})$,表示观测误差;$E(\cdot)$ 为数学期望;x^{t} 为分析场真值;x^{b} 为背景场;H 为观测算子。

一般来说,由于仪器误差、资料处理方式不同和模式不完善等原因,条件(1)不成立,则需进行偏差订正。由于真值无法获得,$\boldsymbol{B}$ 和 $\boldsymbol{R}$ 难以估计,因此背景场(涉及维数较大和逆矩阵病态问题)和观测误差协方差矩阵的构建已成为卫星资料同化领域的关键问题。在具体求解过程中,由于受计算资源和现有技术限制,为简化起见一般需做观测误差不相关假定。对于高光谱卫星(如 FY-4 卫星高光谱 GIIRS 或

EOS/Aqua 高光谱 AIRS)而言,通道选择和观测资料稀疏化处理尤为重要。对于大气红外探测为避免其受云影响,必须进行云检测。总之,高光谱大气红外资料直接变分同化涉及同化分析方案、观测算子、资料选择方案和广义质量控制等多方面的研究工作,且各方面之间相互影响,相互反馈。

需要特别说明的是:(1)目前已有学者开展了卫星通道之间误差相关性变分同化研究(Weston et al,2014),本书后续版本介绍;(2)国际经典变分同化方法是基于欧几里得函数度量"距离",已有学者基于最优质量运输理论 Wasserstein 度量分析状态和先验参考数据集间的"概率直方图"距离(Tamang et al,2020),效果显著,本书后续版本将给出此部分本人"基于测度理论新的变分同化目标泛函构建——熵正则化 Wasserstein 距离度量"最新研究成果。

2.2　广义质量控制流程

高光谱红外资料广义质量控制包括:亮温重构、通道选择、异常值剔除、偏差订正、云检测和数据稀疏化等(王根等,2017d)。为了更好地阐述质量控制之间逻辑关系以及与变分同化的关系,结合 Collard 等(2003)研究成果,质量控制和同化技术框架流程图见图 2.1。

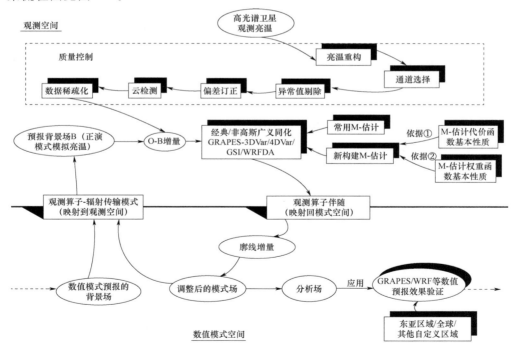

图 2.1　广义质量控制和变分同化逻辑关系框架及流程图

(O:观测亮温;B:模拟亮温;O—B:观测亮温与模拟亮温之差,即通道亮温偏差)

第3章　光谱亮温信息重构

高光谱红外探测资料海量数据造成了数据冗余和对传输要求提高,故需压缩资料。在观测或信号传输过程中可能受到干扰,因此卫星观测资料含有噪声(Wang et al,2019),故需在使用相关资料时进行亮温压缩重构以达到去噪目的。

关于资料压缩重构主流方法有:主成分分析(principal component analysis, PCA)(Fan et al,2019)、独立成分分析(independent component analysis,ICA)(Han et al,2003)和压缩感知(compressed sensing,简称 CS 理论)(Ebtehaj et al,2015)以及相关方法变体。Fan 等(2019)在分析得出 FY-4 卫星 GIIRS 通道具有高度相关的相似光谱信号特征基础上,经 PCA 重构 GIIRS 后的资料用于同化,取得了较好效果。Ebtehaj 等(2015)将 CS 理论用于全球温度、湿度和位势高度的卫星反演资料,在小波域引入稀疏表示,得到能用较少随机采样样本获得较好重构结果,尤其对湿度变量效果显著。Goldberg 等(2004)将 PCA 用于 AIRS 亮温压缩重构,将重构资料基于双线性回归反演了大气温度和湿度廓线。Joaquín 等(2017)介绍了高光谱 IASI(Infrared Atmospheric Sounding Interferometer)数据压缩的几种最新编码标准和技术,探讨了包含无损、近无损和有损压缩以及光谱变换。Li 和 Liu(2016)在将经过 PCA 和集成经验模式分解(ensemble empirical mode decomposition,EE-MD)消除 FY-3C 微波温度资料条纹噪声后,将其同化进 GRAPES 模式,取得了较好效果。

3.1　压缩感知理论分析

压缩感知主要思想是对稀疏信号压缩采样,传输后选择适当重构算法将压缩信号恢复成原始信号,允许通过少量随机测量重建稀疏状态向量,即编码稀疏信号 $x \in R^n$,$x = [x_1, x_2, \cdots, x_m]^T$,则有:

$$y = \boldsymbol{H}x + e \tag{3.1}$$

式中,$\boldsymbol{H}$ 为结构算子,维数为 $n \times m (n \ll m)$;e 为观测噪声;$y \in R^n$ 为观测压缩信号。在信号接收端通过解码重构出原始信号,即用 y 反求 x,也称为数学中的"反问题"。

结构算子 $\boldsymbol{H}$ 为欠定方程组,可看作为求解不适定反问题,若添加约束条件可得"良定"解(王根等,2017a)。本书参考 Ebtehaj 等(2015)方法,将 L1-范数作为正则项耦合到反问题求解模型,则有:

$$x_{\text{true}} = \operatorname*{argmin}_{x}\{\|y - Hx\|_{R}^{2} + \lambda \|Wx\|_{1}\} \tag{3.2}$$

式中，$\|x\|_{R}^{2} = x^{\mathrm{T}}Rx$ 为二次范数，要求 R 为正定矩阵；W 为变换矩阵；λ 为正则化参数。本书基于快速迭代阈值收缩算法求解式(3.2)。

3.2　基于压缩感知的 FY-4A/GIIRS 红外亮温非线性重构

FY-4 高光谱 GIIRS 通道 11 和 33 的原始亮温、基于主成分分析 PCA 和压缩感知 CS 重构亮温见图 3.1。

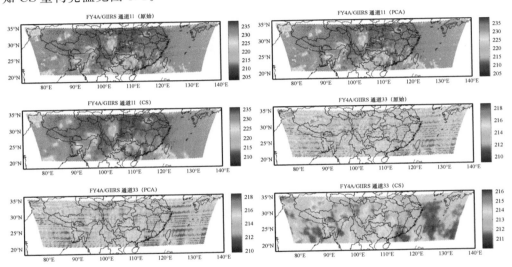

图 3.1　基于 PCA 和 CS 重构 GIIRS 通道 11 和 33 亮温对比分析

（亮温单位：K，全书下同）

由图 3.1 可知，因主成分分析本质为"线性变换"，故其重建亮温时较难去除"条纹"状噪声，而压缩感知能有效去除"条纹"噪声，且其正则化参数 λ 优化影响亮温重构质量（图略）。

3.3　基于主成分分析的高光谱 AIRS 红外亮温重构

高光谱 AIRS 通道 787 和水汽通道 1924 的 2015 年 6 月 2 日 186 景原始观测亮温、PCA 重构亮温和 PCA 重构误差分布见图 3.2。

由图 3.2 可知，通道 787 的重构误差较大，主要原因是此为近地面通道，由陆地地表发射率、地表温度的不确定性引起。水汽通道 1924 重构亮温误差值在[−1.5，1.5]较为合理，说明 PCA 用于高光谱 AIRS 亮温重构可行。

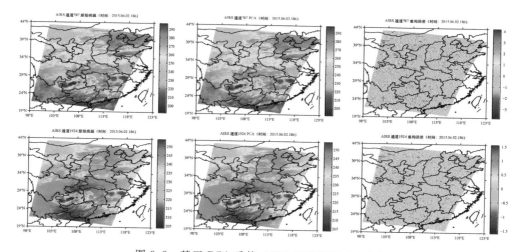

图 3.2　基于 PCA 重构 AIRS 通道亮温对比分析

第4章 通道最优选择

虽然高光谱红外探测器在数值天气预报系统中占有重要地位,但在全部可用通道中仅有数百个通道观测可被同化利用。如 AIRS、IASI 和 CrIS(Cross-track Infrared Sounder)分别有 2378、8461 和 1305 个观测通道,也仅有部分观测通道被主要业务中心同化应用到数值天气预报模式中(Li and Han,2017)。AIRS 仅使用了 324 个通道组合。通道最优选择作为高光谱大气垂直探测仪变分同化和反演关键技术,能减少观测冗余信息所引起的变分同化和反演不适定性,进一步解决通道"维数灾难"问题(Fowler,2017)。曾庆存(1974)曾对通道子集"有效信息量"开展过深入分析,说明了通道选择的重要性。

通道选择具体思路是首先建立通道黑名单(如噪声较大通道),其次使用相应方法进行通道选择。关于通道选择,国内外主流方法有信息熵分步迭代法(也称"熵减法")、主成分累计影响系数法和主成分-逐步回归法(王根等,2014b)。最新发展的高光谱通道最优选择方法有 Fowler(2017)提出的非线性最优通道选择、Noh 等(2017)基于一维变分系统提出了通道得分指数法和 Chang 等(2019)提出基于分层技术以改进信息熵的通道选择方法。

4.1 基于熵减法的 FY-3D/HIRAS 温度探测通道最优选择试验

FY-3D 星上搭载的 HIRAS(hyperspectral infrared atmospheric sounder)是我国首台在极轨卫星上运行的高光谱红外探测器。HIRAS 采用了国际先进的傅里叶干涉探测技术覆盖三个光谱带,分别为 648.75~1136.25 cm^{-1}(781 个通道),1208.75~1751.25 cm^{-1}(869 个通道)和 2153.75~2551.25 cm^{-1}(637 个通道),共计 2287 个通道。

需要说明的是 FY-3D/HIRAS 长波有 781 个通道,而本书仅使用 777 个通道,其原因是 HIRAS 的 L1 级数据没有做"切趾",故在谱两端分别留 2 个通道用于切趾处理(Di et al,2018)。

4.1.1 通道预处理黑名单建立

HIRAS 通道黑名单建立步骤如下:

(1)剔除仪器噪声较大的通道。本书统计了 2018 年 7 月 1—14 日 FY-3D/HIRAS 长波 777 个通道亮温偏差 O—B 均值和标准差,结合 HIRAS 通道信噪比(图 4.1),剔除了部分噪声较大通道。

（2）剔除 RTTOV 模拟误差较大的通道。

（3）考虑到模式顶层不确定性和变分同化时效性,剔除通道权重函数峰值位于高层的通道。

（4）考虑地表发射率等不确定性,剔除通道权重函数峰值位于地表的通道（王根等,2014b）。

（5）其他在 HIRAS 实际通道选择时,需列为黑名单通道（如导致变分同化极小化迭代收敛失败通道）（Noh et al,2017）。

图 4.1 左图给出了 777 个通道基于美国标准大气廓线采用 RTTOV 模拟的亮温分布。右图给出了 2018 年 7 月 10 日一天数据的 HIRAS 长波温度探测 781 个通道信噪比均值,其中红线为均值 0.3 标记线。

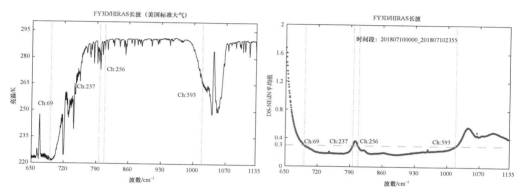

图 4.1　HIRAS 温度探测通道模拟亮温及信噪比均值分布

（Ch:通道;DS-NEdN:信噪比）

4.1.2　熵减法介绍及 FY-3D/HIRAS 通道最优选择

从信息论角度讲,通道选择原则是在给定被选通道数目下,使得利用所选通道子集进行变分反演或同化后得到较好分析场或提高预报精度。本书基于"熵减法"（记为:ER）进行 HIRAS 通道最优选择研究。

在 HIRAS 通道黑名单建立基础上,在剩余通道中利用分步迭代法选择,找到使得背景误差协方差减小最大的通道（杜华栋等,2008;尹若莹等,2019）:

$$A_i = A_{i-1}\left(I - \frac{h_i(A_{i-1}h_i)^{\mathrm{T}}}{1 + (A_{i-1}h_i)^{\mathrm{T}}h_i}\right) \tag{4.1}$$

式中,A_i 为选择 i 个通道之后的分析误差协方差矩阵,$A_0 = B$;h_i 为通道标准化雅可比矩阵;B 为背景误差协方差矩阵;I 为单位矩阵。

每次迭代选择 ER 最大值对应通道,然后将本次迭代过程中未被选中的通道作为下一次迭代的待选通道。当所选通道个数满足给定通道数目或熵（累计信息量）变化不再显著增加时,停止通道选择。

ER 定义如下（Noh et al,2017）:

$$ER = \frac{1}{2}\ln[\det(\boldsymbol{AB}^{-1})] \qquad (4.2)$$

式中,$\boldsymbol{A}$ 和 $\boldsymbol{B}$ 分别为分析和背景误差协方差矩阵;det 表示行列式运算符。

图 4.2 给出了 HIRAS 的 777 个温度探测通道的温度和湿度雅可比矩阵分布。

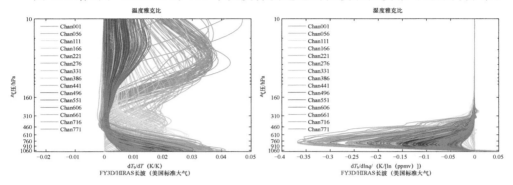

图 4.2　HIRAS 温度和湿度雅可比矩阵分布

图 4.2 中,“Chan”表示“通道”;“dT_b/dT”表示“亮温对温度偏导”,也即敏感性;单位:K/K,表示亮温单位为 K,温度单位也为 K;“$dT_b/d\ln q$”表示“亮温对湿度偏导”,也即敏感性;单位:K/ln(ppmv*),表示亮温单位为 K,湿度单位为 ln(ppmv)。

由图 4.2 可知,有些通道温度或湿度雅可比峰值层位于模式层同一层,说明通道选择的重要性和必要性。使用中分辨率探测器通道亮温反演温度和湿度廓线,求解是“欠定”问题,而使用高光谱资料求解是“超定”问题,导致了一些冗余信息存在,故需进行通道最优选择。

为后期同化 HIRAS 通道亮温与 GRAPES-4DVar 协调一致性,本试验中使用的背景误差信息来自 GRAPES 模式。图 4.3 给出了从 GRAPES 背景误差协方差矩阵中选取一经纬度点的温度和湿度误差协方差矩阵分布。

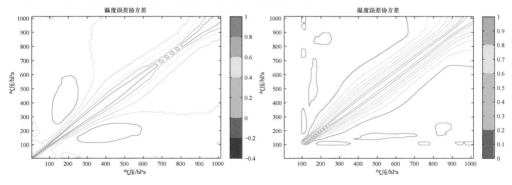

图 4.3　温度和湿度误差协方差矩阵分布

---

* 1 ppmv$=10^{-6}$

由图 4.3 可知,构建的背景误差协方差矩阵对称正定,符合其数理要求。

图 4.4 给出了经过通道预处理黑名单建立后,基于"熵减法"得到的 HIRAS 温度探测器最优通道组合。

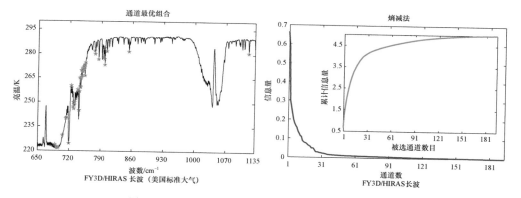

图 4.4　基于熵减法的 HIRAS 温度通道最优组合

（红色"星号"）和迭代变化

4.2　基于熵减法的 FY-4A/GIIRS 通道最优选择试验

基于熵减法的高光谱 GIIRS 长波和中波最优通道组合和中波通道最优选择的迭代变化见图 4.5。

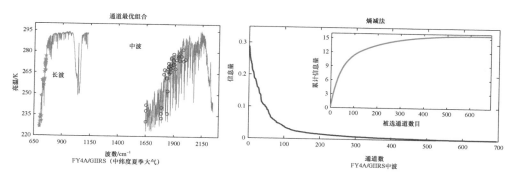

图 4.5　基于熵减法的高光谱 GIIRS 通道最优通道组合和迭代变化

4.3　基于主成分-双区逐步回归法的高光谱 AIRS 通道最优选择

以 600 hPa 为界,将 RTTOV 模式层分为两个区,通道最优选择采用主成分-双区逐步回归法（记为:PC-DS）（王根等,2014b）。主成分-双区逐步回归法主要思想是将模式层分区间考虑,每一区间为单独的主成分-单区间逐步回归法。根据信息熵确定每层入选通道比例,使得在给定所选通道总数下,此种通道组合信息量最大。本书参考 Cameron 博士的研究成果,高于和低于 600 hPa 分别选取 28 和 34 个通道。

熵减法和主成分-双区逐步回归法所选通道分布见图 4.6,其中高于 600 hPa 用"圈"表示,低于 600 hPa 用"星"号表示。

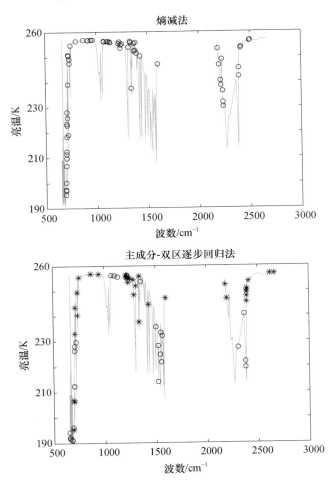

图 4.6　熵减法和主成分-双区逐步回归法所选 AIRS 通道分布

图 4.7a,c 为白天(48 个通道),图 4.7b,d 为夜晚(62 个通道)不同方法下的温度(单位:K)和湿度(单位:g/kg)分析误差标准差对比。其中,"ER"表示用熵减法得到的标准差;"PC-DS"表示用主成分-双区逐步回归法得到的标准差;"Total"表示AIRS 324 个通道全部使用时得到的标准差,"Bg"表示背景误差标准差,取自一维变分系统(网址:https://nwpsaf.eu/site)。

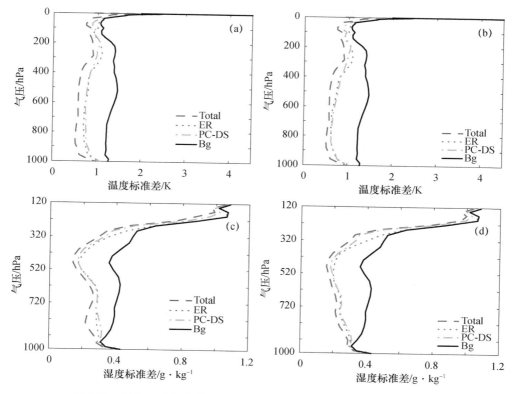

图 4.7　白天(a,c)和夜晚(b,d)温度(a,b)及湿度(c,d)分析误差标准差

由图 4.7a,b 可知,对于温度反演,主成分-双区逐步回归法(PC-DS)对于高层误差相对较小,但在 500 hPa 以下与熵减法(ER)较接近。湿度反演情况和温度类似。324 个通道全部使用时效果最好,但考虑到同化时效性需从 324 个通道选出对温度和湿度反演效果较好通道组合。

主成分-双区逐步回归法从局部最优出发寻找整体最优。总体效果相比较主成分-单区逐步回归法有所改进,但与熵减法相比在底层效果不理想,可能与通道预处理黑名单建立时,剔除地表通道有关。

第 5 章 异常值剔除

因地表温度、下垫面发射率的("模式空间"变量用于亮温模拟)不确定性以及卫星扫描亮温临边变暗("观测空间")等因素,需对观测和模拟值之间的偏差进行检验。狭义卫星资料质量控制基于通道亮温偏差(观测—模拟亮温,即 O—B)进行。目前异常值剔除的目的是使经过质量控制后的亮温偏差服从高斯分布,以便使用经典变分同化。但存在某些"离群值"代表了某些"天气现象"或"天气过程",如对其"过度"剔除,则会丢失较多有用信息。

双权重法能有效剔除偏离亮温偏差均值较大的离群点异常值,将其用于对卫星红外通道资料质量控制,目的是剔除受地表发射率、云影响或误差较大的离群资料。离群值剔除也可基于稳健统计思想操作。Tavolato 和 Isaksen(2015)基于稳健 Huber-估计进行观测资料(如温度、气压、湿度等)质量控制时,得到此类观测资料较符合 Huber-估计的特征分布,即服从一定非高斯性。故本书后期开展资料非高斯同化的理论和应用初步探索研究。

5.1 双权重法理论介绍

离群资料的定义是根据该资料离开样本均值的距离,结合相应标准差来定义。样本数据($x_i, i = 1, 2, \cdots, n$)中的离群点可通过双权重法识别。其中 x_i 表示 O—B,即通道亮温偏差。双权重平均值 $\overline{X_{\mathrm{bw}}}$ 和偏差 $BSTD$ 计算公式为:

$$\overline{X_{\mathrm{bw}}} = M + \frac{\sum_{i=1}^{n} (X_i - M)(1 - w_i^2)^2}{\sum_{i=1}^{n} (1 - w_i^2)^2} \tag{5.1}$$

$$BSTD(X) = \frac{\left[n \sum_{i=1}^{n} (X_i - M)^2 (1 - w_i^2)^4 \right]^{0.5}}{\left| \sum_{i=1}^{n} (1 - w_i^2)(1 - 5w_i^2) \right|} \tag{5.2}$$

式中,M 表示中位数;X_i 表示样本值(即亮温偏差 $y_i^o - y_i^b$);w_i 表示权重函数,$w_i = \frac{X_i - M}{7.5 \times MAD}$,其中,$MAD$ 表示偏差中位数。若 $|w_i| > 1$,则取 $w_i = 1$。

离群资料可根据 Z-评分值界定,则有:

$$Z_i = \left| \frac{X_i - \overline{X_{bw}}}{BSTD(X)} \right| \tag{5.3}$$

根据 Z-评分值(一般取 1.5,2.0,3.0)对资料进行相关质量控制。

5.2 基于双权重法的 FY-3D/HIRAS 温度 通道亮温异常值剔除

本书仅考虑 HIRAS 温度探测通道基于"熵减法"优选的 49 个通道组合。HIRAS 观测资料格式为 HDF,且对不同通道做"切趾"处理(Di et al,2018)。背景场采用 NCEP(National Centers for Environmental Prediction,美国国家环境预报中心)分析场资料。FY-3D/HIRAS 质量控制分两步进行:

第一步:极值检查。剔除 HIRAS 通道观测或模拟亮温值在 150~350 K 范围之外的资料。

第二步:离群点检查。离群资料通常是根据该资料离开样本均值距离结合标准差进行度量(王根等,2014a),本书采用双权重法进行此检查。

图 5.1 分别给出了 FY-3D/HIRAS 通道 86 和 150,权重函数峰值层分别位于 223.442 hPa 和 852.788 hPa 的双权重质量控制前/后偏差和标准差基于不同样本(记为:Sample)散点分布。图 5.1 中,"Obs"和"Sim"分别表示观测亮温和模拟亮温,单位为:K;"Ch"表示"通道";"Peak"表示"峰值";"Z"表示"Z-评分";"Bias"表示"偏差";"Std"表示"标准差"。色标表示样本量个数,颜色越暖则样本量越多。

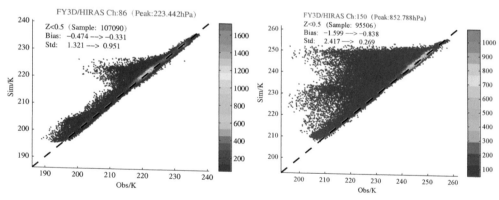

图 5.1 基于双权重法的 FY-3D/HIRAS 质量控制前/后分布

由图 5.1 可知,对于峰值层较低通道保留的视场点越少;峰值层越高则保留视场点越多,观测与模拟亮温偏差也越小。经过双权重质量控制后偏差和标准差显著减少,尤其对于峰值层位于低层通道。

需要说明的是,此处只是为检验双权重法用于 HIRAS 通道亮温质量控制可行性,后期将用于同化 HIRAS 资料进行台风"玛莉亚"预报。

5.3　基于 GRAPES-4DVar 同化 HIRAS 的台风路径预报试验

以 2018 年 7 月 9 日 21 时 GRAPES 业务背景场作为本次台风"玛莉亚(2018)"预报试验变分同化的背景场。将此时间点作为同化起点,以 30 min 时间剖分采用 GRAPES-4DVar 变分同化 FY-3D/HIRAS 基于"熵减法"优选的 49 个通道亮温,同化后得到 2018 年 7 月 10 日 00 时的分析场作为 GRAPES 预报系统初值,积分预报 72 h(每 6 h 输出一次),图 5.2 中仅给出了 36 h 预报结果。

GRAPES-4DVar 变分同化试验设计,共开展 3 组试验:第一组:不同化任何资料,仅使用业务背景场进行预报;第二组:在业务背景场基础上仅同化 FY-3D/HIRAS 优选的 49 个通道组合;第三组:在业务背景场基础上,同化 FY-3D/HIRAS 基于"熵减法"49 个通道和其他业务上用到的资料,包括:常规观测资料 sound,synop,ships,airep,satob 和其他非常规资料 NOAA-15,NOAA-18,NOAA-19,Metop-A,Metop-B,AMSU-A,ATMS,AIRS 以及 GPS RO,scatwind,gpspw。

GRAPES 预报试验设计。选取同化后得到 2018 年 7 月 10 日 00 时分析场作为初始场,起报时间为 2018 年 7 月 10 日 03 时(世界时)。模式分辨率为 $0.25° \times 0.25°$,垂直层 60 层,时间步长取 300 s。物理过程选择 RRTMg 辐射方案、CoLM 陆面模式、新的 SAS 积云对流参数化方案,重力波拖曳使用欧洲中心方案,微物理使用 GRAPES 自主研发的复杂冰相方案(薛纪善和陈德辉,2008)。

5.3.1　变分同化 FY-3D/HIRAS 的 GRAPES-4DVar 分析场增量分析

HIRAS 温度通道 102、152 和 154 的亮温偏差 O—B 分布,通道权重函数峰值分别位于 424.47 hPa、729.88 hPa 和 802.37 hPa 以及基于"熵减法"优选的 49 个通道组合的通道权重函数分布见图 5.2。图 5.2 中,"O—B"表示"偏差";"Ch"表示"通道";"Weighting Function"表示"权重函数";"MARIA"表示台风"玛莉亚"。

为验证同化 FY-3D/HIRAS 资料的可行性及对台风"玛莉亚(2018)"路径预报影响,图 5.3 给出了 GRAPES-4DVar 同化 HIRAS 优选的 49 个通道组合亮温得到的 490 hPa 的温度(左)和 V 风场(右)分析增量。图 5.3 由中国气象局数值预报中心王皓所作,在此表示感谢。

由图 5.3 可知,温度分析场增量为[−1.0 K,0.8 K]、V 风场分析增量为[−1.0 m/s,1.2 m/s]。从分析场增量幅度可得出变分同化 HIRAS 资料较为合理。

进一步将此通道最优组合和异常值剔除后的亮温同化进 GRAPES-4DVar,将得到的分析场作为 GRAPES 数值模式预报的初值,用于台风"玛莉亚(2018)"路径预报试验。

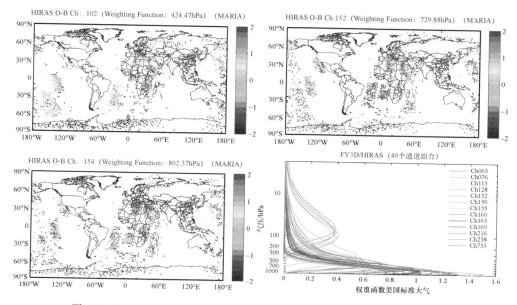

图 5.2　HIRAS 温度通道亮温偏差 O—B 及最优通道组合权重函数分布

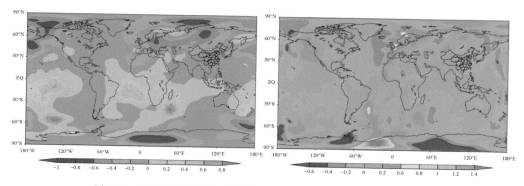

图 5.3　GRAPES-4DVar 分析场 490 hPa 温度和 V 风场增量分布

5.3.2　台风"玛莉亚(2018)"路径预报试验

　　基于 GRAPES 的台风"玛莉亚(2018)"36 h 路径预报试验结果见图 5.4。图 5.4
中,黑线"OBS"为实际观测台风路径;蓝线"GRAPES_OPER"为 GRAPES 业务模式
预报台风路径;红线"FY-3D_HIRAS"为仅变分同化 HIRAS 最优通道后的台风预报
路径;绿线"FY-3D_HIRAS+OPER"为在同化业务料基础上增加 HIRAS 优选的 49
个通道后的台风预报路径;"UTC"表示"世界时","MARIA"表示台风"玛莉亚"。图
5.4 由中国科学院大学尹若莹所作,在此表示感谢。

　　由图 5.4 可知,加入 HIRAS 资料对台风"玛莉亚(2018)"的路径预报改进显著。

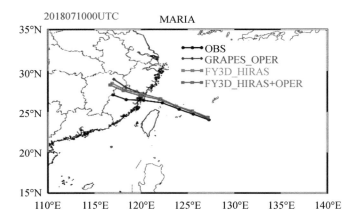

图 5.4 基于 GRAPES 模式的台风"玛莉亚(2018)"路径预报分析

第6章 偏差订正

变分同化理论基础是基于误差（"误差"从数学算法角度出发）服从高斯分布这一假定，实际上偏差（"偏差"从卫星资料特有定义出发）包含了各种系统误差而不是随机误差。将卫星资料同化进预报模式首要问题是资料偏差订正，使订正后的偏差服从高斯分布。目前偏差订正方法主要包括离线（Harris and Kelly，2001）和在线两种。具体又可分为：静态、自适应、回归、变分（Dee，2004）、基于辐射传输模式、基于卡尔曼滤波、偏差动态更新技术（王根等，2017d）、带约束偏差订正（Han and Bormann，2016）和泰勒级数订正法等（Jason et al，2018）。FY-4A/GIIRS存在阵列偏差也需考虑发展其订正方法。采用机器学习方法（如随机森林等）耦合物理约束进行不同资料偏差订正为未来发展方向。

6.1 基于离线的高光谱 AIRS 偏差订正

离线偏差订正主要思路是统计一个时间段的资料（通常2周或1个月），将统计得到的系数写到文件中，在变分同化极小化迭代过程中进行偏差订正时读出文件中的系数，通过线性组合或偏差订正方程求解完成偏差订正。

偏差订正包括扫描和气团偏差订正，气团偏差订正的关键是预报因子选取。不同吸收带通道亮温偏差分布特征不同，订正效果也不同。

偏差订正系数需大样本进行回归。本书以2018年3月1日00时至3月31日23时共31天数据为例进行扫描和气团偏差系数统计，只统计通过了异常值剔除后的海洋视场点数据。

图6.1给出了该时间段AIRS通道157、224、1882和1924亮温偏差（O—B）（记为"Bias"）均值分布情况。

图6.2给出了AIRS通道175、355、1882和1924亮温偏差订正前和订正后概率密度函数（probability density function，PDF）分布。图6.2中，"Ch"表示"通道"；"Before BC"表示"偏差订正前"；"After BC"表示"偏差订正后"；"O—B"表示"亮温偏差"，单位为K。此处O—B就是图2.1中的介绍。文中所有的O—B都是图2.1中的观测亮温与模拟亮温之差，即通道亮温偏差的简写标记。

由图6.2可知，经过偏差订正后，选定的高光谱AIRS此4个通道亮温偏差的概率密度接近0，偏差整体服从高斯分布，满足变分同化基本理论要求。

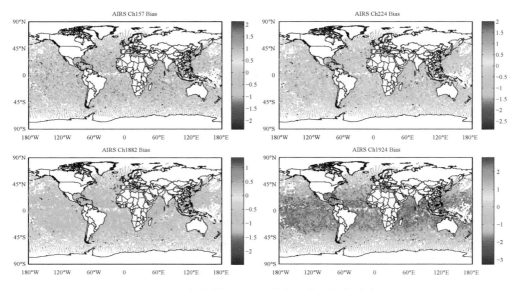

图 6.1　高光谱 AIRS 通道亮温偏差均值分布

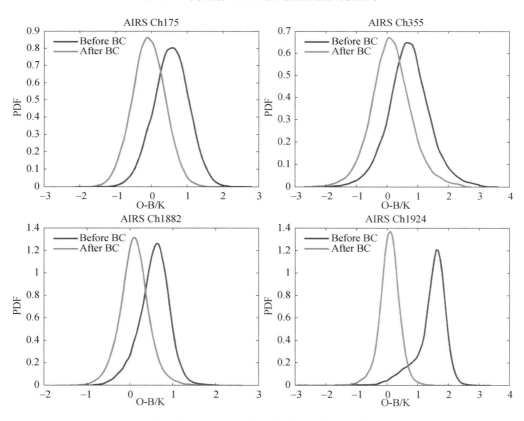

图 6.2　高光谱 AIRS 通道亮温偏差订正前/后概率密度分布

6.2 在线变分偏差订正

6.2.1 变分偏差订正算法介绍

偏差订正的目的是尽可能去除系统性偏差。本书此部分变分偏差订正采用 GSI (gridpoint statistical interpolation)同化系统内嵌模块。在 GSI 中卫星通道亮温偏差订正由扫描和气团偏差订正两部分组成。卫星资料同化观测算子 $\overline{H}$ 表示为：

$$\overline{H} = H(x) + B^{\text{angle}} + B^{\text{air}}(x, \beta) \tag{6.1}$$

式中，x 表示模式变量；H 表示辐射传输模式，此处使用 CRTM；B^{angle} 和 B^{air} 分别表示扫描和气团偏差订正。

气团偏差订正表示为一组预报因子线性组合，则有：

$$B^{\text{air}}(x, \beta) = \sum_{k=1}^{N} \beta_k [\alpha_i P_k(x)] \tag{6.2}$$

式中，$P_k(x)$ 表示预报因子；β_k 表示预报因子系数；α_i 表示预设参数。气团偏差订正在每次变分同化极小化迭代过程中自动更新(Wang et al, 2018)。

通过目标泛函极小化迭代求解控制变量 x 和预报因子系数 β。此时变分同化目标泛函定义为：

$$J(x, \beta) = \frac{1}{2}(x - x_b)^T B_x^{-1}(x - x_b) + \frac{1}{2}(\beta - \beta_b)^T B_\beta^{-1}(\beta - \beta_b) +$$
$$\frac{1}{2}[y - \overline{H}(x, \beta)]^T R^{-1}[y - \overline{H}(x, \beta)] \tag{6.3}$$

式中，y 表示观测值；x_b 和 β_b 分别表示 x 和 β 的背景场；B_x 表示背景场误差协方差；B_β 表示预报因子系数的背景误差协方差。

6.2.2 基于 GSI 的 FY-3C/MWHS 变分偏差订正试验

FY-3C/MWHS 通道亮温偏差概率密度分布见图 6.3。以 2016 年 6 月 3 日 00 时、06 时、12 时和 18 时资料开展试验(标记为"20160603")。图 6.3 中，变分偏差订正前标记为 Before BC；订正后标记为 After BC；"Date"表示"时间"；"Num"为变分同化进 GSI 系统的样本总数；横坐标为 O—B(单位：K)表示"通道亮温偏差"；纵坐标为概率密度函数(PDF)分布；"Ch"表示"通道"(下同)。

由图 6.3 可知，经过扫描和气团偏差订正后，MWHS 通道亮温偏差分布更具高斯性，订正效果较显著。

FY-3C/MWHS 通道变分偏差订正前/后亮温偏差分布见图 6.4。以 2016 年 6 月 3 日 00 时、06 时、12 时和 18 时 4 个时次的总样本(标记为"20160603")开展试验。

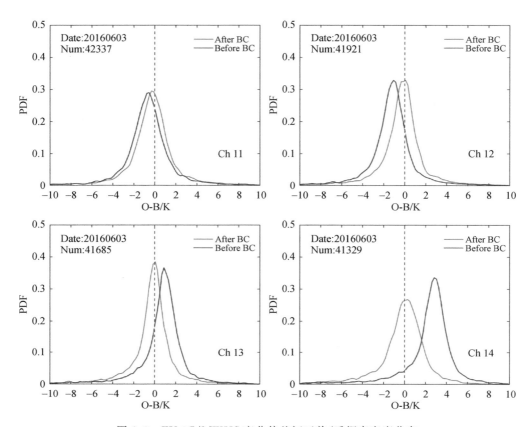

图 6.3　FY-3C/MWHS 变分偏差订正前/后概率密度分布

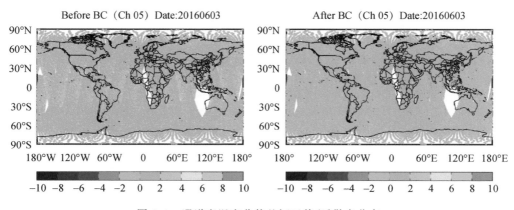

图 6.4　通道亮温变分偏差订正前/后散点分布

由图 6.4 可知,经过变分偏差订正后,所选通道亮温偏差有所降低,偏差整体在 0 附近,说明 MWHS 资料在 GSI 系统中能被有效使用。

6.2.3　基于 GSI 的 FY-3C/MWHS 接口研发及说明

GSI 变分同化系统接入的资料格式是 BUFR/PrepBUFR,需将 MWHS 的 HDF 资料转为 BUFR 格式。资料转码需要的支持库有 BUFR 库(libbufr_i4r8.a)、hdf5 库、bufrtab021.table 等和其他语言编译器。

考虑到 GSI-v3.6_EnKFv1.2 及之前版本同化系统中没有 FY-3C/MWHS 资料接口,故本书作者首先开展了 FY-3C/MWHS 资料接口研发。此接口研发说明可为其他卫星资料接入 GSI 提供借鉴。基于 GSI-v3.6_EnKFv1.2 版本的源程序主要修改的子程序和相应脚本系数见表 6.1。

表 6.1　基于 GSI 的 FY-3C/MWHS 接口研发及修改说明

序号	源代码修改	脚本修改及其他
1	calc_fov_crosstrk.f90	run_gsi_global.sh
2	crtm_interface.f90	comgsi_namelist_gfs.sh
3	qcmod.f90	crtm2.2.3 系数文件
4	radinfo.f90	global_satangbias.txt
5	read_bufrtovs.f90	global_satinfo.txt
6	read_obs.F90	satbias_angle
7	setuprad.f90	global_scaninfo.txt

GSI-v3.6 版本需要的支持库有:WRFV3、lapack/blas、bufr、bacio、crtm-2.2.3、fortran90＋编译器、C 编译器、Perl、GNU Make、NetCDF V4＋、hdf5、MPIV1.2 ＋&OpenMP 等库。在编译 GSI 变分同化系统前,需成功编译 WRFV3 和 lapcak。首先,编译 WRFV3。若在 WRFV3/run 目录下生成了 ndown.exe、real.exe、tc.exe 和 wrf.exe,则表明 WRFV3 编译成功,将其写入环境变量,export WRF_DIR＝/XXXX/WRFV3;其次,编译 lapack,若在 lapack 目录下生成 librefblas.a 和 liblapack.a,则表明 lapack 编译成功,将其写入环境变量,export LAPACK_PATH＝/home/XXXX/lapack-3.7.1;最后,编译 GSI。若在 comGSIv3.6_EnKF v1.2/dtc/run 目录下生成 gsi.exe,则表明 GSI 编译成功,此为后期开展相关同化及预报研究及业务化运行的基础。

第7章 云检测

目前国际上大多数变分同化系统只能同化晴空卫星红外探测器通道亮温。由于卫星红外探测器易受云影响,考虑到目前快速辐射传输模式对有云亮温模拟不精确,在有云视场点亮温偏差会较大。如将有云视场点作为晴空处理,得到的误差会较大,可能造成变分同化极小化迭代不收敛,导致变分同化失败。当晴空视场点中含有有云视场点时在亮温偏差概率密度分布图上呈现拖尾现象,也就是概率密度不趋于高斯分布,这与经典变分同化理论假定矛盾,因此在使用红外亮温资料反演或变分同化时需进行云检测。

国内外常用卫星红外探测器云检测方法主要有 6 种,包括:"晴空视场点"(如最小剩余法(王根等,2015))、"晴空通道"(也称 ECMWF 或 McNally and Watts 方法(2003))、"云辐射订正""云产品匹配"(董超华等,2013)、"粒子滤波"(Xu et al,2016)和深度学习法(Zhang et al,2019)。

我国自主研发的 GRAPES-3DVar/4DVar 目前只能同化晴空视场点资料,对有云视场点资料同化还未开展。云区同化研究重点在于寻找不受云影响的"晴空通道"并对云参数加以确定,或改进同化系统观测算子,发展云辐射模型,使其可计算有云条件下的亮温(王根等,2018)。

7.1 基于随机森林的 FY-4A/GIIRS 晴空 视场点云检测算法

随机森林是一种分类器集成学习算法(Breiman,2001)。其基本思想是将多个弱分类器组合在一起预测未知结果样本,最终得到一个分类最"公平"强分类器。随机森林由 N 棵决策树组合而成,其中每棵决策树是一个分类器。首先利用 Bagging 随机抽样方法从训练集中抽取多个样本形成每棵树训练集,并对决策树建模;其次将决策树预测结果组合起来,并且每棵决策树都自然生长不剪枝;最后通过投票得出最终分类结果。在分类过程中,以视场点 p 是否"有云"为例,视场点 p 通过每棵决策树 T_n 有 M 个分类结果($M=2$,分为"有云"或"无云"),即 M 个置信度,$c \in \{1, 2, \cdots, M\}$,根据决策树投票分数确定分类结果。

将 FY-4 卫星高光谱 GIIRS 亮温资料和成像仪 AGRI 云产品分别作为随机森林的"输入量"和"输出量"。执行过程中将 AGRI 云产品资料匹配插值至 GIIRS 视场点,见图 7.1。若判断 AGRI 云产品视场点有云,则标记为"1";若判断无云,则标记为"0"。训练样本只使用 0 和 1 值,其他部分云量(0 和 1 之间值)训练样本暂不考虑。匹配方法参考 Zhang 等(2019)的工作。

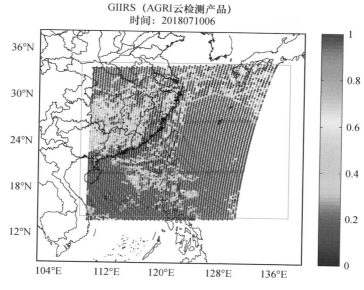

图 7.1　基于 AGRI 云检测产品的 GIIRS 云量分析

基于不同 GIIRS 通道组合采用 2018 年 7 月 10 日 05:00 样本作为历史训练库判识 05:45 视场点云情况,完全晴空(云量为 0)和完全有云(云量为 1)基于随机森林判识结果见表 7.1。

表 7.1　"晴空"和"完全有云"视场点判识精度分析

通道组合	GIIRS689 个通道	GIIRS128 个通道	GIIRS 348 个通道
正确率/%	92.39	94.05	94.93

需要说明的是,此处采用的 FY-4A/GIIRS 资料经过了重定标处理。

由表 7.1 可知,随机森林用于有云视场点判识精度较高,GIIRS 不同通道组合对最终判识精度有一定影响,说明通道最优选择和云检测相互作用,相互反馈。

7.2　基于 L1-范数约束的 GIIRS 三维云量廓线反演及云区同化初探

7.2.1　基于 L1-范数正则化约束反演云量廓线算法

由辐射传输理论可知,卫星探测器通道频率 v 的辐射值可表示为如下公式:

$$R_v^{\mathrm{cld}} = \sum_{k=1}^{N} X^k R_v^k + X^0 R_v^{\mathrm{clr}} \qquad (7.1)$$

式中，N 表示辐射传输模式层数；X^0 表示晴空辐射比例，$X^0 = 1 - \sum_{k=1}^{N} X^k$。

通过普朗克函数将辐射转换为亮温。假设每个视场点高光谱 GIIRS 通道最优组合子集的模拟和观测亮温分别记为：

$$\boldsymbol{y}_{\mathrm{sim}} = \begin{bmatrix} y_{1,1} & y_{1,2} & \cdots & y_{1,n_c} \\ y_{2,1} & y_{2,2} & \cdots & y_{2,n_c} \\ \vdots & \ddots & \vdots & \vdots \\ y_{N,1} & y_{N,2} & \cdots & y_{N,n_c} \\ y_{\mathrm{clr},1} & y_{\mathrm{clr},2} & \cdots & y_{\mathrm{clr},n_c} \end{bmatrix}^{\mathrm{T}} \qquad (7.2)$$

和

$$\boldsymbol{y}_{\mathrm{obs}} = (y_{\mathrm{obs},1}, y_{\mathrm{obs},2}, \cdots, y_{\mathrm{obs},n_c})^{\mathrm{T}} \qquad (7.3)$$

式中，n_c 和 N 分别表示卫星通道数（基于"熵减法"的通道最优组合）和模式层。$y_{\mathrm{clr},nc}$ 表示第 n_c 个通道的晴空模拟亮温。由辐射传输公式可知，假设单视场点云量廓线为 $\boldsymbol{x} = (x_1, x_2, \cdots, x_N, x_0)^{\mathrm{T}}$，$v \in R^{n_c}$ 表示误差，则有：

$$\boldsymbol{y}_{\mathrm{obs}} = \boldsymbol{x} \cdot \boldsymbol{y}_{\mathrm{sim}} + v \qquad (7.4)$$

问题转化为求解系数 $\boldsymbol{x}$，即为数学反问题。本书采用 L1-范数正则化约束求解 $\boldsymbol{x}$，目标函数和约束条件定义如下：

$$\begin{cases} \hat{\boldsymbol{x}} = \arg\min_{x} \dfrac{1}{2} \parallel \boldsymbol{y}_{\mathrm{obs}} - \boldsymbol{x} \cdot \boldsymbol{y}_{\mathrm{sim}} \parallel_2^2 + \lambda \parallel \boldsymbol{x} \parallel_1 \\ \boldsymbol{x} \geqslant 0, 1^T \boldsymbol{x} = 1 \end{cases} \qquad (7.5)$$

式中，L1-和 L2-范数分别定义为 $\parallel \boldsymbol{x} \parallel_1 = \sum_i |x_i|$ 和 $\parallel \boldsymbol{x} \parallel_2^2 = \sum_i x_i^2$。后期将基于变分同化后验估计的通道观测误差重估计和云的"物理性"作为正则化约束项加入(7.5)式。

7.2.2 高光谱 GIIRS 三维云量廓线反演及云区同化初探

台风"玛莉亚（2018）"加密区 AGRI 云图、AGRI 云高产品（记为 CTH，单位：km）、AGRI 云量产品（记为 CLM，单位：成，黄色表示"绝对晴空"视场点）和基于 GIIRS 通道 2—128 采用 L1-范数得到的绝对晴空视场点见图 7.2。在前期本书作者已将 GIIRS 资料接入 WRFDA 同化系统的基础上，基于 WRFDA 同化系统和 RTTOV 模式开展 GIIRS 三维云量廓线反演及云区同化研究试验。图 7.2 中，"FOVs"表示"视场点（field of view，FOVs）"。

由图 7.2 可知，针对蓝色椭圆区域 L1-范数云检测法识别出的晴空视场点与 AGRI 云图有较好对应关系；而红色椭圆则晴空视场点较少，原因可能与通道最优组合有关，有待后期深入研究。

台风"玛莉亚（2018）"高影响天气云区资料初步同化。基于 L1-范数得到的云量廓线不同通道晴空和有云视场点判识及加密区域和台风"玛莉亚(2018)"真实运动路径分布见图7.3。图7.3中分别给出了通道2、通道33和通道128(权重函数峰值层分别位于151.27 hPa、43.10 hPa和1070.92 hPa)云量分布情况。图7.3中"0"蓝色为绝对晴空视场点;"1"红色为有云视场点;"PK"表示"权重函数峰值层"(peaking)。

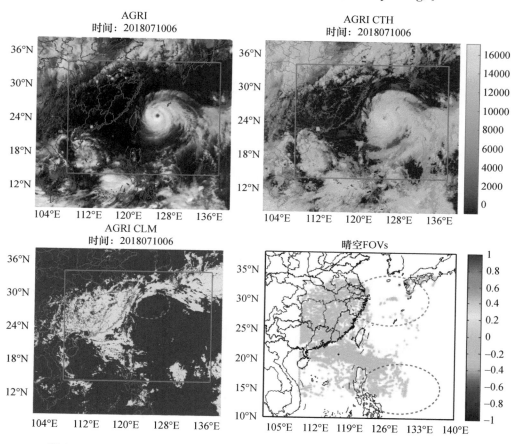

图 7.2　AGRI 云图、云产品(云高 CTH 与云量 CLM)及 GIIRS 晴空视场点分布

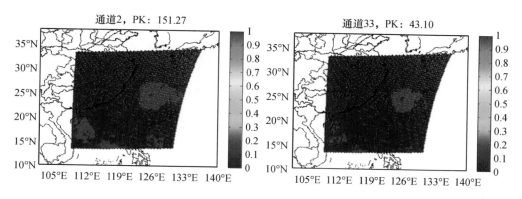

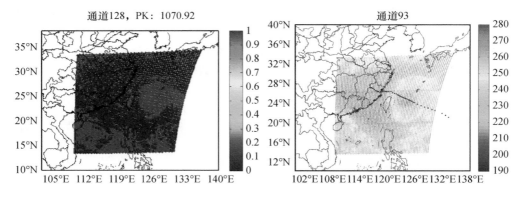

图 7.3　基于 L1-范数的不同通道云量及加密区和台风路径分布

由图 7.3 可知,区别于晴空视场点云检测,当通道组合中某个通道在某个视场点被判识为"有云"时,则剔除所有通道在此视场点观测。基于 L1-范数约束法得到不同通道"晴空视场点"分布不同,权重函数峰值层位于高层的通道,则保留的视场点更多,能实现"云区"资料的有效同化,即同化权重函数峰值层位于云顶之上的亮温资料。

同化 GIIRS 通道对台风"玛莉亚(2018)"分析场增量分析见图 7.4。

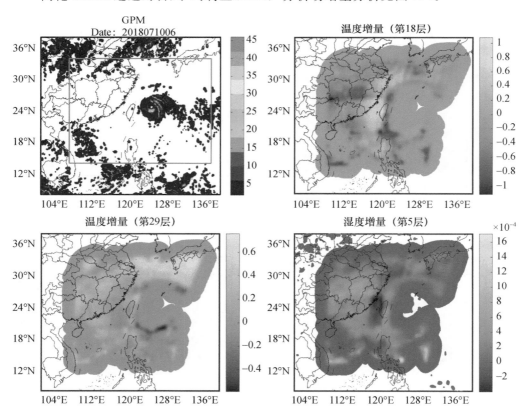

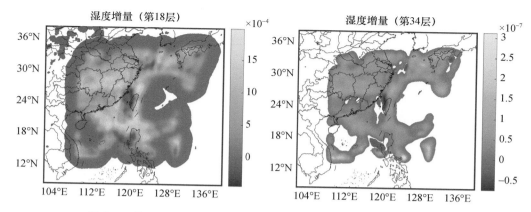

图 7.4　基于 WRFDA 同化 FY-4 卫星高光谱 GIIRS 分析场增量分析

由图 7.4 可知,在有 GIIRS 观测资料的区域,分析场增量显著。且湿度增量左上角部分与 GPM 降水资料具有较好对应关系。

7.3　基于 WRFDA 的 FY-4A/GIIRS 接口研发及测试

WRFDA 中用于卫星资料亮温模拟的辐射传输模式有 RTTOV 和 CRTM。CRTM 为 WRFDA 自带,无需安装,而 RTTOV 仅有相关程序接口,需单独安装。安装完 RTTOV 后需将路径写入环境变量,WRFDA 版本与 RTTOV 版本需对应使用。因 2020 年 1 月之前下发的最新 WRFDA 版本中没有同化 FY-4A/GIIRS 资料接口,故需进行 GIIRS 资料接口研发。

本书作者在美国国家大气研究中心(NCAR)访学期间,将 GIIRS 接入 WRFDA-4.1.2,主要工作在修改源代码基础上开发了 GIIRS 数据读取和质量控制接口等,具体见表 7.2。

表 7.2　基于 WRFDA-4.1.2 的 FY-4A/GIIRS 接口研发及修改说明

序号	程序或系数	序号	程序或系数
1	da_read_obs_giirs.inc(数据读取)	9	da_control.f
2	da_qc_giirs.inc(质量控制)	10	da_radiance.f
3	registry.var	11	module_configure.f90
4	module_radiance.f90	12	module_alloc_space_6.f90
5	mediation_wrfmain.f90	13	module_domain_type.f90
6	da_setup_structure.f	14	module_io_quilt.f90
7	module_dm.f90	15	da_radiance.f90
8	da_wrfvar_top.f	16	da_setup_radiance_structures.inc

续表

序号	程序或系数	序号	程序或系数
17	da_setup_be_regional. inc	28	da_initialize_rad_iv. inc
18	da_scale_background_errors. inc	29	da_radiance_int. inc
19	da_setup_obs_structures. inc	30	da_rttov_init. inc
20	da_setup_structures. f90	31	da_rttov_direct. inc
21	README. namelist	32	da_define_structures. f90
22	depend. txt	33	da_read_Y_unit. inc
23	da_radiance1. f	34	da_varbc. f90
24	da_qc_rad. inc	35	da_varbc_pred. inc
25	da_allocate_rad_iv. inc	36	VARBC. in
26	da_radiance1. f90	37	fy4a-1-giirs. info
27	da_deallocate_radiance. inc		

GIIRS 通道 55 和 62 的 O—B(B 为背景场模拟亮温)和 O—A(A 为同化后的分析场模拟亮温)概率密度 PDF 分布见图 7.5。图 7.5 中,"Channel"表示"通道";"cd+bc"表示"云检测(cloud detection,cd)+偏差订正(bias correction,bc)";O—B 和 O—A 的单位为 K。

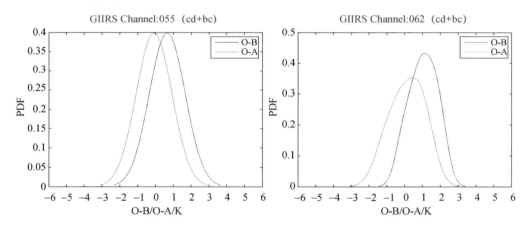

图 7.5　基于 WRFDA 的高光谱 GIIRS 通道 O—B/O—A 概率密度分布

由图 7.5 可知,经过通道组合、云检测和变分偏差订正后,O—A 服从高斯分布。

第8章 非高斯广义变分同化理论探索研究及应用

关于变分同化目标泛函构建主要有：一维变分（王根等，2014b；Noh et al，2017）、经典三维变分 3DVar（张华等，2004）、M-估计非高斯广义变分（王根等，2017c）、四维变分 4DVar（龚建东，2013）、集合卡尔曼滤波（EnKF）（朱国富，2015）、扩展卡尔曼滤波（ExKF）（朱国富，2015）、变分与集合混合法（DVar-ETKF）（Evensen，2009）、稳健变分同化（Rao 等，2017）和基于约束项广义变分同化法等（王根等，2018）。经典变分同化方法是基于误差服从高斯分布的假定。M-估计广义变分能同化非高斯误差，但依赖于 M-估计选取，如选取 Huber-估计（Bhar，2007；Huber，1981），则具有高斯和非高斯"双重性"。4DVar 涉及到模式伴随。集合卡尔曼滤波受计算资源和效率约束。混合资料同化对小集合成员样本分析质量有一定优势。稳健变分同化使用 L1-和 Huber-范数代替传统的 L2-范数（平方型目标函数），改进了经典变分同化目标泛函的观测项。先验信息正则化方法主要突显观测资料作用，其依赖于正则化参数选取（Ebtehaj et al，2014；王根等，2017b）。L2-范数正则化较适合连续和光滑的"状态变量"，而 L1-范数正则化隐式地约束目标泛函能防止在边缘和跳跃间断点产生额外平滑（Ebtehaj et al，2014）。

8.1 非高斯广义变分同化问题的提出

经典变分同化要求观测误差（"误差"属于数学范畴）服从高斯分布。近年来国内外学者通过理论和大量基于观测资料和背景场偏差统计表明，误差服从高斯分布只是理论上的假定，实际很多资料误差呈现一定的非高斯性。Wang and Zhang（2014）和王根等（2019）在前人（Liu and Qi，2005；Tavolato and Isaksen，2015）研究基础上，借鉴稳健统计 M-估计理论中的 L2-、Welsch、Beaton-Tukey，Lp，L1-、L1-L2-、Huber-，German-Maclure，Fair，Cauchy-估计（Bhar，2007）、数学物理反问题（黄思训和伍荣生，2001；曾忠一，2006）和正则化思想，初步建立了 M-估计目标函数、物理约束在变分同化应用桥梁，构建了非高斯广义变分同化框架，开展了高光谱 AIRS 水汽通道和云影响资料非高斯直接变分同化研究，并基于 M-估计代价函数和权重函数基本性质，构建了符合不同资料特征的估计法。在此之前，Lorenc（1984）构建了非高斯方法开展了观测资料质量控制。Purser（1984）基于贝叶斯条件概率定理提出直接同化包含非高斯观测误差的方法。朱江（1995）基于 4DVar 变分框架用简单模式试验,通过计算"误差均差比"识别并订正重大误差,但严格的质量控制容易剔除较多极端但正确观测数据,导致错过一些重要天气现象。Bewley 等(2000)通过考虑初始条件作为控制变量,将其应用到资料同化,与"变分质量控制"不同的是该算法并不需假定重大误差分布,而将误差作为目标泛函自变量的一部分。Tachim Medjo (2002)用简单模式进行了 Bewley 等(2000)算法测试,得到了较好收敛性。但目前该方法应用于气象相关领域文献,尤其在国内相关文献较少。Fowler 和 Leeuwen (2013)开展了非高斯观测误差对数据同化的影响分析研究。

在台风和暴雨等与湿过程密切相关且高影响天气预报中,卫星红外探测器水汽通道亮温作用显著。根据前期统计和分析高光谱 AIRS 水汽通道亮温偏差时发现其非高斯性较强(见图 8.1),但国内外相关研究的文献较少。较为典型的是 James 等(2009)基于较严格"阈值法"开展了高光谱 AIRS 水汽通道资料在 NCEP 全球预报系统同化研究,得出了 AIRS 水汽通道同化难点归因于其通道亮温与模式变量非线性关系和雅可比矩阵非线性等,使得变分同化目标泛函在迭代过程中存在周期性波动,导致极小化迭代收敛较慢或不收敛。考虑误差非高斯分布选取符合实际观测误差分布模型,是有效准确求解变分同化目标函数极小化的关键。

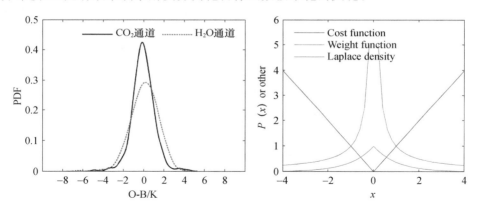

图 8.1　高光谱 AIRS 通道亮温偏差分布(左)Laplace 密度、
最小绝对函数的代价函数和权函数分布(右)

在理想条件下,Huber-的 PDF 在广义尺度范围内服从高斯分布,在广义尺度范围外服从最小绝对分布。Laplace 分布是最小绝对分布。尺度 s 和参数 α 的广义高斯分布(generalized Gaussian distributions,GGD)密度族 $p(x) \propto \exp(-|x/s|^a)$ 是从 Dirac delta($\alpha \rightarrow 0$)到均匀密度($\alpha \rightarrow \infty$)有界概率(Ebtehaj et al,2012)。

高光谱 AIRS 的 CO_2(波数 746.01 cm^{-1})和 H_2O(波数 1251.36 cm^{-1})通道亮温偏差见图 8.1。统计时间是 2006 年 7 月 1 日 00 时 6 h 同化窗。只统计经过稀疏化(基于"box"方法(王根,2014))和云检测(基于"晴空通道"方法(McNally 和 Watts,2003))后的视场点。其中,FNL 作为 RTTOV 模拟 AIRS 亮温的背景场资料,并给出了 Laplace 密度、最小绝对函数的代价函数和权函数分布,见图 8.1 右。图 8.1 中,"O—B"表示"观测与模拟亮温偏差",单位为 K;"Cost function"表示"代价函数";"Weight function"表示"权重函数";"Laplace density"表示"拉普拉斯密度";纵坐标"$P(x)$ or other"表示"$P(x)$ 或其他";横坐标"x"表示"变量 x,无量纲"。

　　由图 8.1 可知,与 CO_2 吸收带通道相比,H_2O 通道的亮温偏差分布更具非高斯性,类似于 Huber-PDF(probability density function,概率密度函数)分布,它是一个长尾分布,其特征分析可参考 Liu 和 Qi(2005)、Tavolato 和 Isaksen(2015)和 Ebtehaj 等(2012)研究工作。

　　采用 RTTOV 模式自带廓线计算高光谱 AIRS 和 GIIRS 代表通道权重函数分布见图 8.2 左和右(此图仅作为示例)。

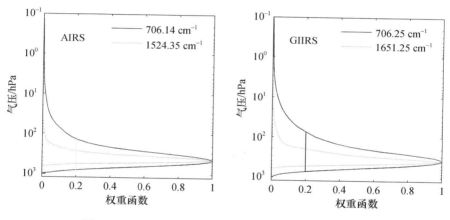

图 8.2　高光谱 AIRS 和 GIIRS 代表通道权重函数分布

　　由图 8.2 可知,高光谱 AIRS 的 H_2O 吸收带通道(1524.35 cm^{-1})权重函数比 CO_2 通道(706.14 cm^{-1})权重函数的幅度(图中"短竖线")更窄。类似的 GIIRS 中波通道(1651.25 cm^{-1})比长波通道(706.25 cm^{-1})权重函数幅度窄。一般窄权重的通道比其他通道解释时更为复杂,窄权重吸收带通道亮温会导致温度在垂直层上的振荡(Joiner et al,2007),故高光谱水汽通道最优选择和亮温同化具有一定挑战性。依据高光谱 GIIRS 的水汽通道亮温特征,在常用 M-估计基础上,可依据其基本性质构建适合高时间分辨率的 GIIRS 水汽通道亮温同化的新 M-估计广义变分同化方法,以解决变分同化极小化迭代过程中因高光谱水汽通道亮温偏差可能存在周期性波动导致迭代难收敛或失败的难题(James et al,2009)。

　　高光谱 AIRS 2378 个通道基于美国标准大气廓线(US std atmosphere)的温度(temperature Jacobian)和湿度(humidity Jacobian)雅可比分布见图 8.3。图 8.3 中,"Pressure"表示"气压",单位:hPa;"Wavenumber"表示"波数(单位:cm^{-1})";"Chan-

nel"表示"通道"。"dTB/dT"和"dTB/dln$q$"分别表示亮温(T_b)对温度(T)和湿度
(ln$q$)对数偏导数。

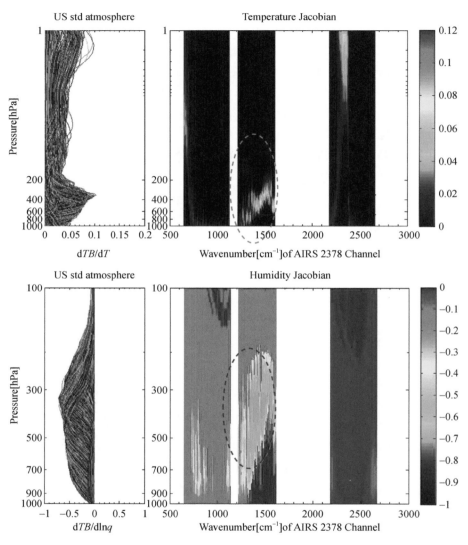

图 8.3　高光谱 AIRS 2378 个通道温度和湿度雅可比分布
（相关数据由官莉老师提供）

8.2　基于变分同化后验法的卫星通道观测误差重估计

基于 Desroziers 等（2005）提出的方法对卫星通道观测误差进行重估计。该方法
基于经典变分同化服从线性估计理论的假设。背景亮温偏差 $\boldsymbol{d}_b$（O—B，B 为背景场

模拟亮温)定义为观测算子将背景场映射到观测空间时的观测与模拟的差值。

$$d_{\mathrm{b}} = y_{\mathrm{o}} - H(x_{\mathrm{b}}) \tag{8.1}$$

将经典变分同化极小化迭代得到的分析场代替背景场,得到分析亮温偏差 d_{a}(O—A,A 为同化后的分析场模拟亮温):

$$d_{\mathrm{a}} = y_{\mathrm{o}} - H(x_{\mathrm{a}}) \approx y_{\mathrm{o}} - H(x_{\mathrm{b}}) - \boldsymbol{HK}d_{\mathrm{b}} \tag{8.2}$$

基于误差无偏、背景和观测误差不相关、观测值权值分配与真实误差协方差近似的假设,在观测空间中有:

$$\boldsymbol{R}_{\mathrm{re}} = E[\boldsymbol{d}_{\mathrm{a}} \quad \boldsymbol{d}_{\mathrm{a}}^{\mathrm{T}}] \tag{8.3}$$

式中,E 表示数学期望值;$\boldsymbol{R}_{\mathrm{re}}$ 表示重估计后的卫星通道观测误差。

在观测误差重估计中,$H(x_{\mathrm{a}})$ 较为关键。它包含了辐射传输模型所使用的信息,如变分同化中雅可比矩阵和求解过程中泰勒一阶近似等信息,通过此方法可以界定出"合理"的观测误差,以更"适应"变分同化模式(王根等,2019)。

8.3 基于信息熵信号自由度的资料影响率诊断分析

8.3.1 信息熵

Shannon 熵也称为信息熵。熵作为很多领域不确定性基本度量,熵值越大,不确定性越大(刘成璟等,2015;王根等,2016)。变分同化或融合核心思想是新资料加入带来额外信息,以降低不确定性。由信息熵可知,假设观测前和观测后系统概率密度分布分别为 $P_1(x)$ 和 $P_2(x)$,则观测得到信息熵可定义为两个状态熵之差 $En = S(P_1) - S(P_2)$。当系统概率密度分布为高斯型时,由信息论可知,系统熵为 $S(P) = \frac{1}{2}\ln|\boldsymbol{S}|$。其中,$\boldsymbol{S}$ 表示误差协方差矩阵。假设背景误差协方差矩阵为 $\boldsymbol{B}$,观测后协方差矩阵为 $\boldsymbol{A}$,则观测过程所包含的信息熵为(王根等,2016):

$$En = \frac{1}{2}\ln|\boldsymbol{B}| - \frac{1}{2}\ln|\boldsymbol{A}| = \frac{1}{2}\ln|\boldsymbol{BA}^{-1}| = -\frac{1}{2}\ln|\boldsymbol{AB}^{-1}| \tag{8.4}$$

由式(8.4)可知,利用信息熵对探测器的观测能力进行描述时,首先需求出背景误差协方差矩阵 $\boldsymbol{B}$ 和观测后协方差矩阵 $\boldsymbol{A}$。对于背景误差协方差矩阵 $\boldsymbol{B}$,可以采用统计方法求解,对于误差协方差矩阵 $\boldsymbol{A}$,可用观测后的大气参数估计。由于卫星遥感得到的是亮温辐射率值,属于间接观测,因此无法利用观测信息直接求解。贝叶斯分析方法(Bayesian analysis)与背景场信息相结合,能将观测概率密度函数和大气参数概率密度函数相联系,实现观测概率密度函数到大气参数状态空间映射。因此可基于贝叶斯分析方法估计观测后的协方差矩阵 $\boldsymbol{A}$。

8.3.2 信号自由度

信号自由度是由状态空间或测量空间元素个数决定。为尽可能精确得到信号自由度,对状态和观测空间进行变换使得各通道间不相关和具有统计独立性。首先转换状态空间 $x' = \boldsymbol{B}^{-\frac{1}{2}}x$,将原始背景误差协方差矩阵 $\boldsymbol{B}$ 变换为一个单位阵。其次类似地转换测量空间 $y' = \boldsymbol{R}^{-\frac{1}{2}}y$,将观测误差单位化。后验或分析误差协方差矩阵在此变换坐标下非对角阵,可通过旋转基本状态空间坐标实现。最后对分析误差协方差矩阵求特征值和特征向量并降序排列。每个特征向量独立于自由度数目的测量,此时信噪比为 $[(1-\lambda_i)/\lambda_i]^{\frac{1}{2}}$,若相应特征值趋向于 0,则表示自由度测量有效;若特征值趋向于 1,则表示自由度为弱测量,是含有噪声的自由度。噪声自由度的总数等于特征值之和,即 $d_n = \sum \lambda_i$;信号自由度 d_s 等于 $n-d_n$,其中 n 是状态空间变量个数,根据信息熵则有(Rodgers,1998;王根等,2016):

$$d_s = n - \sum \lambda_i = \mathrm{tr}(\boldsymbol{I} - \boldsymbol{A}) \tag{8.5}$$

$$H = -\frac{1}{2}\sum \ln\lambda_i = -\frac{1}{2}\ln|\boldsymbol{A}| \tag{8.6}$$

式中,tr 表示求矩阵的迹。由矩阵论知识可知,求解过程中不需直接求解相应特征值,仅需得到和及乘积,而矩阵特征值之和等于矩阵迹,特征值之积等于矩阵行列式,则可简化计算。

8.3.3 基于数值逼近和高斯扰动的资料影响率诊断

基于信息熵信号自由度(degree of freedom for signal,DFS)进行卫星资料对同化分析场或预报场等影响诊断研究。DFS 定义为(王根等,2017c):

$$\mathrm{DFS} = \mathrm{tr}(\boldsymbol{KH}) \tag{8.7}$$

式中,$\boldsymbol{K} = \boldsymbol{B}\boldsymbol{H}^{\mathrm{T}}(\boldsymbol{H}\boldsymbol{B}\boldsymbol{H}^{\mathrm{T}} + \boldsymbol{R}_{\mathrm{obs}})^{-1}$,$\boldsymbol{K}$ 为增益矩阵。$\boldsymbol{KH}$ 定义为分析场对观测资料敏感性。通过转换则有:

$$\mathrm{DFS} = \mathrm{tr}(\partial H x_{\mathrm{a}}/\partial y_{\mathrm{obs}}) \tag{8.8}$$

式中,H 为观测算子;x_{a} 为分析场;y_{obs} 为观测亮温。

在计算 DFS 时采用"数值逼近+高斯扰动"方法,分 3 步执行:

第一步:计算原始分析场 x_{a}。

$$x_{\mathrm{a}} = x_{\mathrm{b}} + \boldsymbol{K}(y_{\mathrm{obs}} - H(x_{\mathrm{b}})) \tag{8.9}$$

第二步:计算对通道观测亮温加入"高斯扰动"后的 x_{a^*}。

$$x_{a^*} = x_{\mathrm{b}} + \boldsymbol{K}(y_{\mathrm{obs}^*} - H(x_{\mathrm{b}})) \tag{8.10}$$

$$y_{\mathrm{obs}^*} = y_{\mathrm{obs}} + \boldsymbol{R}^{-1/2}\xi_{\mathrm{o}} \tag{8.11}$$

式中,y_{obs^*} 和 y_{obs} 分别为观测扰动值和原始值;ξ_{o} 为高斯随机误差。

第三步:利用数值逼近,可求得 DFS 数值解为:

$$\mathrm{tr}(\boldsymbol{KH}) \approx (y_{\mathrm{obs}^*} - y_{\mathrm{obs}})^{\mathrm{T}} \boldsymbol{R}^{-1} H(x_{a^*} - x_{\mathrm{a}}) \tag{8.12}$$

8.4 最小二乘法与稳健统计

变分同化要求观测误差服从高斯分布的目的是应用最小二乘法,而最小二乘法对离群点较敏感。误差服从高斯分布只是理论上的假定,实际上很多数据都近似高斯分布,满足非高斯分布。变分同化理论基础是统计中的估计理论,常用方法有最小二乘法、最小方差估计、最大似然估计和贝叶斯理论(王根,2014)。

　　最小二乘法在卫星资料变分同化过程及前期质量控制中应用较为广泛。如气团偏差订正所使用方法是基于最小二乘法拟合思想;云检测中的 CO_2 分层法(CO_2-slicing scheme)以及最小剩余法(minimum residual method,MRM)等算法中都可以看到最小二乘法的应用。

8.4.1　最小二乘法统计理论

　　最小二乘法拟合的解实际上是高斯误差分布假定下的最大似然估计(Wang 和 Zhang,2014)。目前经典变分同化方法的基本思想是将资料同化归结为一个二次泛函极小值问题,并对其极小化以得到所需解(分析场)。经典变分同化要求误差服从高斯分布,目的是应用最小二乘法理论。当实际观测值包含离群值时,误差将不再服从高斯分布。由于最小二乘法统计方法对离群值非常敏感,导致最小二乘法对偏离高斯分布的假定也十分敏感。由最小二乘法数学理论得到最终结果是离群值和正常值之间的折中而非真实解,因此这样估计出的参数可能不准确。

　　最小二乘法估计考虑线性模型:$Y=X\beta+e,E(e)=0,\mathrm{cov}(e)=\sigma^2 I$ 的参数 β 和 σ^2 的估计问题。最小二乘法估计的思想是使得 $e=Y-X\beta$ 达到最小,也即 $Q(\beta)=(Y-X\beta)'(Y-X\beta)$ 最小,则 β 估计值可表示为(徐苏和杨红,2011;王根等,2014a;2014b):

$$\hat{\beta}=(X'X)^{-1}X'Y \tag{8.13}$$

$\hat{\beta}=(X'X)^{-1}X'Y$ 所表示的解在一切无偏估计类中具有最小方差。因最小二乘法是以残差平方和最小作为目标代价函数进行求解,从而导致"离群值"的作用会加强,使得回归方程不具有稳健性。

8.4.2　稳健统计法

　　因最小二乘法对离群值较敏感,在实际应用中需要一些统计方法满足两个条件:一是,当数据分布未知或已知但不服从高斯分布时,统计方法应能描述所研究问题;二是,数据中包含离群值时,统计方法不会偏离实际解太远(王根等,2014)。由此诞生了稳健统计法。

　　稳健统计思想与经典统计思想是同时发展的。19 世纪初高斯提出高斯分布与最小二乘法时,稳健思想已萌芽。Huber(1964)首次发表的"位置参数的稳健估计"论文标志着稳健统计学进入了系统性研究。Huber(1981)在稳健统计学专著中将其定义为一种稳健统计方法能很好而且合理地处理假定模型;当模型有微小偏离时,其结果只应遭到微小破坏;当模型有较大偏离时,结果也不应遭到破坏性影响。

8.5 稳健统计 M-估计理论分析与基本性质

8.5.1 M-估计理论分析

假设 r_i 是第 i 个观测和拟合值之间的偏差。最小二乘法通过极小化 $\sum\limits_i r_i^2$ 求解系数,但最小二乘对离群值较敏感。M-估计试图减少离群值对目标函数影响(Bhar,2007),采用函数 $\rho(r_i)$ 来代替 r^2,极小化求解如下目标函数:

$$\min \sum_i \rho(r_i) \tag{8.14}$$

影响函数和权重函数分别定义为:

$$\varphi(r) = \mathrm{d}\rho(r)/\mathrm{d}r \tag{8.15}$$

和

$$w(r) = \varphi(r)/r$$

通过分析和推导,问题转化为求解:

$$\min \sum_i w(r_i^{(k-1)}) r_i^2 \tag{8.16}$$

式中,上标 k 表示迭代次数,每次迭代后重新计算 $w(r_i^{(k-1)})$。M-估计法对每个点的残差或偏差进行加权处理,抑制大残差对估计值的影响。

常用 M-估计法介绍见表 8.1。

表 8.1 常用 M-估计法介绍(参考 Bhar,2007)

M-估计类型	代价函数	影响函数	权重函数	广义尺度
L2-	$r^2/2$	r	1	
Welsch	$(c^2/2)[1-\exp(-(r/c)^2)]$	$r\exp(-(r/c)^2)$	$\exp(-(r/c)^2)$	$c=2.985$
Beaton-Tukey $\begin{cases} \text{if}\|r\|\leqslant c \\ \text{if}\|r\|>c \end{cases}$	$\begin{cases}(c^2/6)(1-[1-(r/c)^2]^3) \\ (c^2/6)\end{cases}$	$\begin{cases}r[1-(r/c)^2]^2 \\ 0\end{cases}$	$\begin{cases}[1-(r/c)^2]^2 \\ 0\end{cases}$	$c=4.685$
Lp	$\|r\|^c/c$	$\mathrm{sgn}(r)\|r\|^{c-1}$	$\|r\|^{c-2}$	$c=1.200$
L1	$\|r\|$	$\mathrm{sgn}(r)$	$1/\|r\|$	
L1$-$L2	$2(\sqrt{1+r^2/2}-1)$	$r/\sqrt{1+r^2/2}$	$1/\sqrt{1+r^2/2}$	
Huber $\begin{cases} \text{if}\|r\|\leqslant c \\ \text{if}\|r\|>c \end{cases}$	$\begin{cases}r^2/2 \\ c(\|r\|-r/2)\end{cases}$	$\begin{cases}r \\ c\,\mathrm{sgn}(r)\end{cases}$	$\begin{cases}1 \\ c/\|r\|\end{cases}$	$c=1.345$
German-Maclure	$[(r^2/2)/(1+r^2)]$	$r^2/(1+r^2)^2$	$1/(1+r^2)^2$	
Fair	$c^2[\|r\|/c-\ln(1+\|r\|/c)]$	$r/(1+\|r\|/c)$	$1/(1+\|r\|/c)$	$c=1.399$
Cauchy	$(c^2/2)[\ln(1+(r/c)^2)]$	$r/[1+(r/c)^2]$	$1/[1+(r/c)^2]$	$c=2.385$

选择 M-估计权重因子时应满足一些约束条件,其中最重要约束是在变量空间要求单个函数为凸函数,以保证最终结果收敛到唯一解。

M-估计法代价函数(cost function)、影响函数(influence function)和权重函数(weight function)分布见图 8.4。

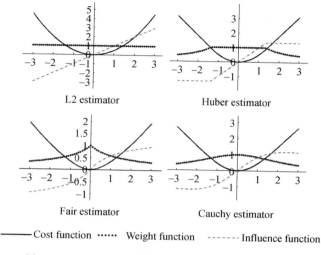

图 8.4　M-估计代价函数、影响函数和权重函数分布

由图 8.4 可知,L2-估计(经典变分)权重函数值始终为 1;Huber-估计权重函数在广义尺度范围内为 1,范围外随着偏差增大权重减小;Fair-和 Cauchy-估计在偏差为 0 时,权重为 1,在其他范围随着偏差绝对值增大呈对称下降趋势。

8.5.2　M-估计的基本性质与构建

与经典变分同化相比,耦合 Huber-、Cauchy 和 Fair-估计的广义变分同化效果有好有差,需进一步结合 M-估计代价函数基本性质,构建新的 M-估计法,以符合不同资料特征。

邵文泽等(2006)通过比较研究 Perona 和 Malik(1990)提出的各向异性扩散方程与稳健统计学中的 M-估计,从理论上揭示了各向异性扩散数学本质(王根等,2010),可视为 M-估计在图像处理领域的一种典型应用。

M-估计核心是代价函数的构建。M-估计代价函数 $\rho(x):R \rightarrow R$ 为连续函数,且满足以下 9 条基本性质,进一步得到权重函数 $w(x)$ 应具有以下 5 条基本性质,见表 8.2(Huber,1981;Bhar,2007;邵文泽等,2006)。此类性质作为构建新 M-估计法的基础及"基石"。

表 8.2　M-估计代价函数和权重函数基本性质

	M-估计代价函数基本性质		M-估计权重函数基本性质
1	非负性:$\rho(x) \geqslant 0$, $\forall\,x \in R$ 且 $\rho(0)=0$	1	$w(x) \geqslant 0$, $\forall\,x \in R$
2	对称性:$\rho(x)=\rho(-x)$, $\forall\,x \in R$	2	$w(x)=w(-x)$, $\forall\,x \in R$

	M-估计代价函数基本性质		M-估计权重函数基本性质
3	可微性：$\rho(x)$几乎处处可微	3	$\lim\limits_{x\to 0+} w(x)=M, 0<M\leqslant\infty$
4	单调性：$\rho'(x)\geqslant 0, \forall x\geqslant 0$	4	$\lim\limits_{x\to +\infty} w(x)=0$
5	$\lim\limits_{x\to 0+}\dfrac{\rho(x)}{x^2}=M, 0<M\leqslant\infty$	5	$x\cdot w(x)<\infty, \forall x\in[0,+\infty)$
6	$\lim\limits_{x\to +\infty}\dfrac{\rho(x)}{x^2}=0$		
7	$\dfrac{\rho'(x)}{x}, x\in[0,+\infty)$单调下降且几乎处处连续		
8	$\lim\limits_{x\to 0+}\rho'(x)<\infty$		
9	$\lim\limits_{x\to +\infty}\rho'(x)<\infty$		

根据表8.2的基本性质，通过数理方程及积分等方法，开展新M-估计法构建研究，进一步把其耦合到经典变分同化框架中用于卫星通道亮温同化。构建方法简单介绍如下：

$$\frac{\rho'(x)}{x}=w(x), x\in R \tag{8.17}$$

式中，上标$'$表示求导标记。

对式(8.17)两边分别积分，依据其基本性质(表8.2)，则有：

$$\rho(x)=\int_0^x x'\cdot w(x')\mathrm{d}x', x\in R \tag{8.18}$$

在构建新的M-估计代价函数基础上，需根据实际情况统计和分析广义尺度。

8.6　M-估计非高斯广义变分理论探索分析

8.6.1　非高斯分布现象普适性分析与离群值定义

本书将观测资料分为可用、有效和有害三类(和杰,2016)，见图8.5左(此图仅作示范性说明)。虚线以外的红色标记点代表被剔除的有害资料；灰色圆环内黑色标记点代表可用资料；绿色圆之内的绿色标记点代表有效资料。

(1)有害资料通常可被传统质量控制如极值检查等所剔除。

(2)有效资料是被认为完全正确，可直接进入变分同化系统参与变分同化极小化迭代的资料。此资料需假定它们误差服从高斯分布，但严格质量控制可能抛弃太多极端但正确的观测数据，以至于错过一些重要天气事件(朱江,1995)。

(3)可用资料处于"灰色地带"，混杂着有害资料和有效资料。一般业务部门变分同化系统对资料质量控制方法主要是 3 倍标准差或双权重法等,3 倍标准差质量控制后只保留"有效资料",可能剔除了一些"可用资料",导致资料量较少。双权重法保留了部分"有效资料"。

因经典变分同化系统是基于误差服从高斯分布理论,导致在变分同化过程中部分资料较难进入同化系统。此部分重点分析国际"经典变分同化"和本书方法的主要区别以及本书定义"离群值"的特殊意义。

区别于国际经典变分同化仅同化"有效资料",而本书方法不仅能同化"有效资料",还能同化"可用资料"。此处将"可用资料"定义为"离群值"。国际经典变分同化在质量控制过程中剔除了"离群值"(经典同化—剔除"离群值"),而非高斯广义变分同化在目标泛函观测项中引入了权重因子,实际是使用了"离群值"(广义同化—使用"离群值")。经典变分同化(L2-估计)权重因子始终为 1,而广义变分同化引入了权重因子,保留了"离群值",但减小了"离群值"对变分同化目标泛函贡献(图 8.5右),即对"离群值"具有稳健性。

图 8.5 右中"Data""Least Square Fit"和"Robust Straight-line Fit"分别表示数据、最小平方拟合和"基于 Huber-估计的稳健拟合"。

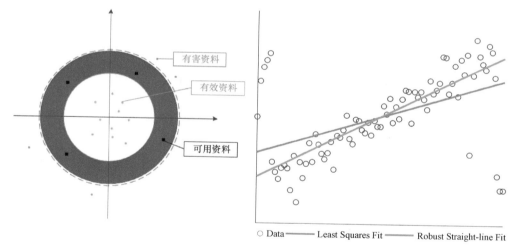

图 8.5　资料变分同化中观测资料种类(左);最小平方拟合与稳健拟合比较(右)

由图 8.5 右可知,最小平方拟合对离群值较为敏感(和杰,2016;王根,2014)。基于 Huber-估计稳健拟合对"离群值"进行了有效使用,能把握数据主体形态。

由此可延伸至区别经典和广义变分法基于欧几里得度量函数,能否构建新的度量函数,以更好地使用观测资料(Tamang et al,2020)。

8.6.2　广义高斯密度函数分布及其参数估计

广义高斯分布定义为(何宜宝和毕笃彦,2013):

$$GG_{\sigma_X,\beta}(x) = C(\sigma_X,\beta)\exp\{-[\alpha(\sigma_X,\beta)\mid x\mid]^\beta\} \tag{8.19}$$

$$\alpha(\sigma_X,\beta) = \sigma_x^{-1}\left[\frac{\Gamma(3/\beta)}{\Gamma(1/\beta)}\right]^{\frac{1}{2}},\ C(\sigma_X,\beta) = \frac{\beta\alpha(\sigma_X,\beta)}{2\Gamma(1/\beta)} \tag{8.20}$$

式中，$C(\sigma_X,\beta)$为归一化因子；$\Gamma(t) = \int_0^\infty \mathrm{e}^{-u}u^{t-1}\mathrm{d}u$ 为 Γ 函数。

该分布有 2 个参数分别为 σ_X 和 β。σ_X 表示信号 X 的方差，控制密度函数扩散程度；β 表示形状参数，决定 GGD 密度衰减速度。

拉普拉斯(Laplace)分布的概率密度函数为：

$$f(x) = \frac{1}{2\beta}\mathrm{e}^{-\frac{|x|}{\beta}} \tag{8.21}$$

产生拉普拉斯分布的随机数列算法分两步：

第一步：产生$[0,1]$上均匀分布随机数列 r_1 和 r_2。

第二步：计算

$$x = \begin{cases} -\beta\ln(1-r_2) & r_1 \leqslant 0.5 \\ \beta\ln(r_2) & r_1 > 0.5 \end{cases} \tag{8.22}$$

则数列$\{x\}$表示均值为 0，方差为 $2\beta^2$ 的拉普拉斯分布的随机数列。

均匀分布随机数的产生采用混合同余法，混合同余法递推公式定义如下：

$$\begin{cases} x_n = (ax_{n-1}+c)\mathrm{mod}M, c>0 \\ r_n = x_n/M \end{cases} \tag{8.23}$$

通过选取不同 M,a,c,x_0 可得到不同随机数列，使得 $x_{n+T}=x_n(n=0,1,2,\cdots)$。如果 $T=M$，则称此随机数列为满周期随机数列。

高斯分布也称为正态分布，高斯分布概率密度函数定义如下：

$$f(x) = \frac{1}{\sqrt{2\pi}\sigma}\mathrm{e}^{-(x-\mu)^2/2\sigma^2} \tag{8.24}$$

均匀、高斯和非高斯分布示范见图 8.6(王根，2014)。

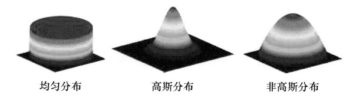

均匀分布　　　　高斯分布　　　　非高斯分布

图 8.6　均匀、高斯和非高斯分布示范图

8.6.3　非高斯广义变分同化目标泛函构建

区别于经典变分同化依赖于误差服从高斯分布的假定，M-估计非高斯广义变分同化降低了此要求，目标泛函定义为：

$$J(\boldsymbol{x},\boldsymbol{w}) = \frac{1}{2}(\boldsymbol{x}-\boldsymbol{x}_{\mathrm{b}})^{\mathrm{T}}\boldsymbol{B}^{-1}(\boldsymbol{x}-\boldsymbol{x}_{\mathrm{b}}) + \frac{1}{2}\left[H(\boldsymbol{x})-\boldsymbol{y}_{\mathrm{o}}\right]^{\mathrm{T}}w(r)\boldsymbol{R}^{-1}\left[H(\boldsymbol{x})-\boldsymbol{y}_{\mathrm{o}}\right]$$

$$(8.25)$$

式中,$w(r)$ 为权重因子,作为观测资料对目标泛函贡献,公式中其他各变量的含义与经典变分同化定义类似。

权重因子 $w(r)$ 定义为:

$$w(r) = \left(\frac{1}{r}\right) \cdot \left(\frac{\mathrm{d}\rho(r)}{\mathrm{d}r}\right)$$

$$(8.26)$$

式中,$\rho(r)$ 表示 M-估计代价函数;$w(r)$ 表示对角矩阵,元素为 $w(r_i)$,$r_i = [\boldsymbol{y}_i - H_i(\boldsymbol{x})]/\sigma_i$;权重因子 w 具有自适应加权功能。当偏差较大时,观测资料对目标泛函影响减小;当偏差无限大时,观测资料相应影响会被抑制,即广义变分同化降低了"小概率"数据对同化或反演结果影响(王根等,2019);y_i 和 $H_i(x)$ 分别表示通道 i 观测和模拟亮温;σ_i 表示观测误差协方差矩阵对角元素平方根。

非高斯广义变分同化目标泛函梯度定义为:

$$\nabla_x J(\boldsymbol{x},\boldsymbol{w}) = \boldsymbol{B}^{-1}(\boldsymbol{x}-\boldsymbol{x}_{\mathrm{b}}) +$$

$$\boldsymbol{H}^{\mathrm{T}}\left[w(r)\,\boldsymbol{R}^{-1}(H(\boldsymbol{x})-\boldsymbol{y}_{\mathrm{o}}) + \frac{1}{2}(H(\boldsymbol{x})-\boldsymbol{y}_{\mathrm{o}})^{\mathrm{T}}(w'(r)/\sigma_0)\,\boldsymbol{R}^{-1}(H(\boldsymbol{x})-\boldsymbol{y}_{\mathrm{o}})\right]$$

$$(8.27)$$

非高斯广义变分同化不仅依赖于权重因子,也依赖于离群值阈值(本书称为"广义尺度")度量。离群值阈值可由通道亮温偏差中位数或其他方法求得,但需由实际数据统计分析得到。利用偏差中位数法求 c_i:

$$c_i = \mathrm{med}\left[\mid y_i^{\mathrm{obs}}-y_i^{\mathrm{sim}}\mid, i=1,2,\cdots N\right]$$

$$(8.28)$$

式中,y_i^{obs} 和 y_i^{sim} 分别为通道 i 观测和模拟亮温;med 为绝对偏差中位数;N 为通道最优组合数目。

在参考前人(Rao et al,2017)研究成果的基础上,结合作者前期的研究工作,构建了一些同化或融合目标泛函和约束,见表 8.3。

表 8.3　广义变分模型目标泛函构建及约束

方法	目标泛函	约束条件
经典 3DVar	$J(x_i) = \frac{1}{2}\parallel x_i - x_i^{\mathrm{b}}\parallel_{B_i^{-1}}^2 + \frac{1}{2}\parallel H(x_i)-y_i\parallel_{R_i^{-1}}^2$	
非高斯广义变分	$J(x_i,w_i) = \frac{1}{2}\parallel x_i - x_i^{\mathrm{b}}\parallel_{B_i^{-1}}^2 + \frac{1}{2}w(r) \cdot \parallel H(x_i)-y_i\parallel_{R_i^{-1}}^2$	
Huber-范数 3DVar 变分	$J(x_i) = \frac{1}{2}\parallel x_i - x_i^{\mathrm{b}}\parallel_{B_i^{-1}}^2 + \frac{1}{2}\parallel z_i\parallel_{\mathrm{Hub}}$(可推广至其他范数)	$z_i = R_i^{-1/2}[H(x_i)-y_i]$
正则化约束变分	$x_0^* = \underset{x_0}{\mathrm{argmin}}\left\{\frac{1}{2}\parallel x_0 - x_0^{\mathrm{b}}\parallel_{B^{-1}}^2 + \frac{1}{2}\parallel H(x_0)-y\parallel_{R^{-1}}^2 + \lambda\parallel\Phi x_0\parallel_1\right\}$	

方法	目标泛函	约束条件
多参数正则化变分	$\min J^a(x) := \dfrac{1}{2}\alpha \parallel x - x^b \parallel^2 + \dfrac{1}{2}\sum_{i=1}^{n_{obs}} \Gamma_i \parallel y_i^o - H_i(x) \parallel^2$	
Huber-范数 4DVar 变分	$\min\limits_{x_0} J(x_0, z) := \dfrac{1}{2} \parallel x_0 - x_0^b \parallel_{B^{-1}}^2 + \dfrac{1}{2}\sum_{i=1}^{N} \parallel z_i \parallel_{\text{Hub}}$(可推广至其他范数)	$\begin{cases} z_i = R_i^{-1/2}[H(x_i) - y_i], \\ \quad i = 1, 2, \cdots, N. \\ x_i = M_{i-1,i}(x_{i-1}), \\ \quad i = 1, 2, \cdots, N. \end{cases}$

基于 M-估计代价函数和权重函数基本性质,构建新的估计算子;

广义 ENKF 同化。

8.7 基于广义变分和误差重估计高光谱 AIRS 通道亮温同化

8.7.1 模型与数据

本书此部分涉及两个模型,一是快速辐射传输模式 RTTOV,用于高光谱 AIRS 通道亮温模拟。二是变分同化系统,该模型基于欧洲卫星数值天气预报应用研究小组开发的变分同化模型基础上,作了如下修改:

(1)关闭其他变量如云廓线等,只考虑温度、湿度、O_3(气候态)等廓线和 2 m 温度、2 m 湿度、U,V 风场、地表气压和地表温度。

(2)添加广义变分同化和相应 M-估计法代码。

(3)改写目标泛函和相应泛函梯度程序接口。

(4)加入观测误差重估计接口,执行过程中需满足勾股定理成立条件。

分别采用经典、误差重估计和广义变分同化(M-估计不同法)进行 AIRS 通道组合亮温同化。假定观测误差呈拉普拉斯分布,采用模拟 AIRS 亮温进行同化理想试验研究。因 AIRS 通道多,且不同通道组合会影响同化或反演结果,同时考虑到变分同化时效性等,需进行通道选择。

执行变分同化分析需估计大气状态背景,在实际预报模式中,背景场是通过早期模式预报获得。此处仅开展理想试验模拟研究,选取一维变分 1DVar 自带廓线集中某条廓线作为“真实”廓线,相应模拟亮温作为“真实”亮温。对 CO_2 通道和 H_2O 通道真实亮温分别加入高斯和拉普拉斯随机误差扰动后的亮温值作为观测亮温,则有:

$$y = H(\boldsymbol{x}_t) + \sum_i \boldsymbol{\varepsilon}_0 \boldsymbol{R}^{1/2} \tag{8.29}$$

式中,y 为扰动后的观测亮温;$H(\boldsymbol{x}_t)$ 为真实廓线模拟得到的“真实”亮温;$\boldsymbol{\varepsilon}_0$ 为高斯或

拉普拉斯随机误差;$\boldsymbol{R}$ 为观测误差协方差矩阵。

通过添加背景误差到真实廓线获得背景廓线,则有:

$$x_0 = x_t + \sum_i \varepsilon_i \lambda_i^{\frac{1}{2}} I_i \tag{8.30}$$

式中,x_0 为扰动背景廓线;x_t 为真正背景廓线;I_i 和 λ_i 分别为背景误差协方差矩阵 $\boldsymbol{B}$ 的特征向量和特征值;ε_i 为均值为 0 方差为 1 的高斯随机数。

8.7.2　广义变分同化步骤及流程

设定非高斯广义变分同化最大迭代次数。具体算法步骤如下:

第一步:输入背景场,采用 RTTOV 模拟卫星通道亮温。

第二步:统计各通道亮温偏差(O—B),并计算每个通道离群值阈值。

第三步:计算广义变分同化目标泛函和梯度,包括背景、观测和云代价函数如带约束广义法及梯度 3 个部分。该步需选取相应 M-估计法权重函数。

第四步:调用有限内存极小化算法进行求解(limited-memory BFGS,L-BFGS),得到控制变量 $x_k = x_b + \delta x_k$,k 表示迭代次数。

第五步:若 $\| x_k - x_{k-1} \|_2 < \varepsilon$ 或 $k > n_{\max}$,则停止迭代,否则转回第三步进行下一次迭代。ε 表示迭代停止阈值;$n_{\max}$ 表示极小化迭代中最大迭代次数。

8.7.3　基于非高斯广义变分同化的高光谱 AIRS 281 通道试验研究

因仪器噪声等影响,通道选择时首先需进行通道预处理建立黑名单,其次再对剩余通道采用相应方法进行选择。本书 AIRS 通道组合的选择,参考 Joiner 等(2007)研究工作,选取 281 个通道涵盖了长波 CO_2、H_2O 和短波 CO_2 光谱,通道光谱带覆盖具有较好代表性。

281 个通道分别统计 100 和 2000 个样本得到的观测误差见图 8.7。图 8.7a 蓝线为高光谱 AIRS 通道原始观测误差,此误差数据来自 1DVar 变分系统;红线和绿线分别为统计 100 和 2000 个样本重估计后的观测误差。图 8.7b 为基于 Huber-估计的广义变分同化在极小化初始迭代前计算的各个通道对变分同化目标泛函的权值分配。

由图 8.7a 可知,高光谱 AIRS 的 CO_2 光谱吸收带(中心波长在 15.5 μm 和 4.3 μm)通道重估计观测误差较原始观测误差有所降低,说明变分同化后验重估计增加了 CO_2 吸收带通道亮温对目标泛函贡献率。H_2O 吸收带(中心波长在 6.3 μm)通道重估计误差变大,说明重估计后降低了水汽通道亮温对目标泛函贡献率。图 8.7b 也可以看出在目标泛函极小化初始迭代前水汽光谱带通道亮温偏差具有较大非高斯特性,分配了较小权值,这与图 8.8a 水汽通道误差重估计有较好的一致性。但观测误差重估计后,高光谱 AIRS 一些地表敏感通道(中心波长 4.0 μm)观测误差显著减少,可能与前期处理背景廓线时只扰动温度和湿度廓线有关,需进一步深入研究(王根等,2019)。

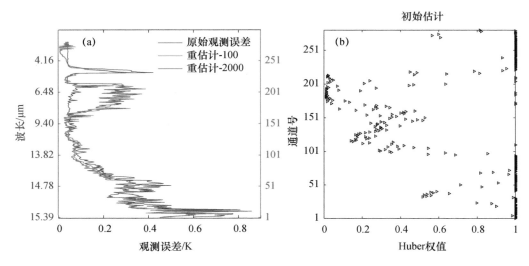

图 8.7　高光谱 AIRS 通道观测误差重估计(a)和 Huber-估计权值分配(b)

由于地表类型(裸土、岩石、湿地和草本植物等)、地表发射与反射、地表热辐射影响等方面的不确定性,高光谱 AIRS 地表通道亮温同化也是一个难点,此暂时不在本书研究范围内。

为验证广义变分同化和对比采用不同 M-估计效果,仅考虑观测亮温误差服从非高斯分布时,对比分析经典变分同化(L2-估计)、误差重估计-变分同化和广义变分的同化效果,得到同化或反演后亮温、温度和湿度。变分同化 281 个通道亮温组合,统计了观测和模式空间分析误差均方根(root-mean-square,RMS)值。100 条廓线反演亮温、温度和湿度误差 RMS 值统计见图 8.8。图 8.8 中,亮温误差 RMS 单位为 K;温度误差 RMS 单位为 K;湿度误差 RMS 单位为 g/kg。

由图 8.8 可知,对于亮温反演基于 Huber-估计广义变分同化效果最好;除了 H_2O 吸收带有些通道亮温反演效果较差外,观测误差重估计效果优于国际经典变分同化法;对于温度和湿度反演,基于 Huber-估计广义变分同化效果最好,观测误差重估计效果次之。Fair-估计和 Cauchy-估计效果较差,可能与此函数特性有关,说明广义变分同化 AIRS 通道亮温可行,但要根据不同资料或情况选取相应 M-估计。

与国际经典变分同化方法相比,广义同化优势是通道亮温对目标泛函的动态重估计。图 8.9 是某条廓线在极小化过程中观测亮温对目标泛函贡献率重估计,重估计采用 Huber-估计和 Fair-估计权函数进行衡量。281 个通道中通道 33(波数 667.53 cm^{-1})和通道 246(波数 2394.03 cm^{-1})分别迭代 185 次和 217 次。执行最小化迭代过程中,当某通道亮温贡献率小于 25% 时,该通道亮温在此次迭代过程中不使用(灰线表示 25% 界限)。

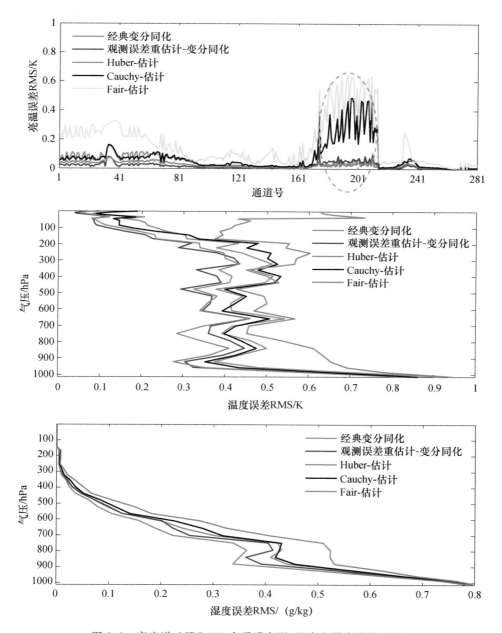

图 8.8　高光谱 AIRS 281 个通道亮温、温度和湿度误差 RMS

由图 8.9 可知,在初始估计中,因通道观测亮温偏差较大,很多通道贡献率都比较小,在以后每次迭代过程中由于对背景廓线有效修正,其偏差越来越合理,但从最后一次迭代可以看出,对有些通道贡献率分配值仍然较小。结合图 8.8 最终效果可以看出,如何进行通道亮温有效同化,特别是水汽通道同化尤为关键。如采用国际经典变分同化,则因较强"阈值"质量控制剔除较多水汽通道信息,导致其有效信息无法进入同化系统。

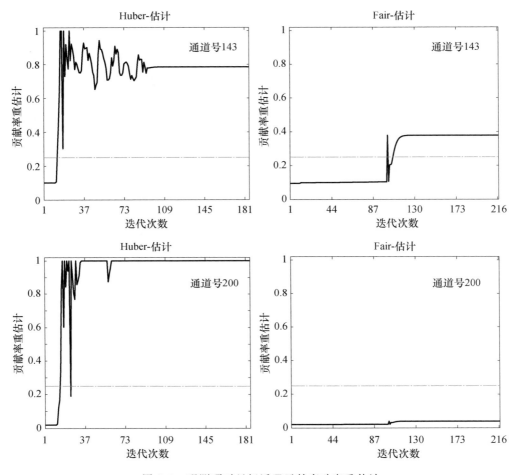

图 8.9　观测项对目标泛函贡献率动态重估计

为深入分析不同同化效果原因,即 AIRS 281 个通道在变分同化分析中是如何被使用的? 进一步基于信息熵信号自由度进行 AIRS 亮温资料影响诊断研究。

统计 AIRS 281 个通道 100 条廓线信号自由度影响率所占百分比(单位:%),见图 8.10。

由图 8.10 可知,高光谱 AIRS 通道主要覆盖长波 CO_2、H_2O、短波 CO_2 光谱带。在经典变分同化(L2-估计)中 H_2O 通道进入信息量较少,更多地同化了长波 CO_2 通道信息。而在误差重估计中,水汽通道观测误差有所增加,说明水汽通道对目标泛函贡献有所降低,与模式空间变量具有非线性有关(Fowler,2017;Li 和 Han,2017),而目标变分同化中雅可比矩阵和求解过程中采用泰勒一阶近似。Huber-估计有效地"挖掘"出了水汽信息并进行了较好变分同化使用,而 Fair-估计和 Cauchy-估计虽然同化了较多水汽通道,但由于其权重函数构建的局限性,变分同化效果有待提高。

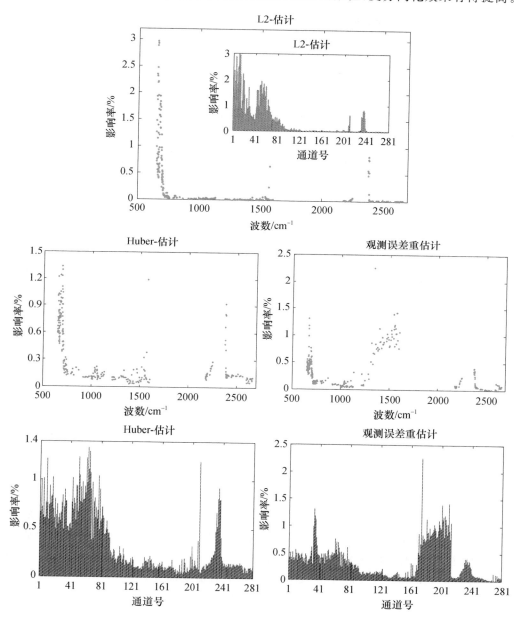

图 8.10　不同算法同化 AIRS 通道亮温对分析场影响率百分比分析

从上述理论分析和试验效果可以看出,广义变分同化依赖于权重函数选取,采用不同 M-估计会得到不同结果,相同 M-估计法广义尺度取值不同其结果也不相同,并且不确定性较强,需根据不同问题开展针对性的研究。区别于经典变分同化需进行质量控制剔除所谓离群值;非高斯广义变分同化对离群值有较强稳健性,在变分同化过程中耦合了质量控制,每次被"拒绝"通道亮温能再次进入变分极小化迭代使用。试验结果表明 Huber-估计效果较好,Huber-估计在变分同化 AIRS 通道亮温组合时具有经典和广义变分同化优点,从而初步验证了 Huber-估计是众所周知的"健壮统计"(Liu 和 Qi,2005;Huber,1981)。Tavolato 和 Isaksen (2015)基于 Huber-估计(1981)进行了观测资料(温度、气压、湿度等)质量控制,得到此类观测资料较符合 Huber-估计特征分布,即满足一定非高斯性,构建发展的算法具有一定应用前景。

8.7.4 广义变分同化 AIRS 亮温分析场与探空资料对比分析

选取探空资料观测时次 00UTC 和 12UTC(世界时)过境的高光谱 AIRS 观测资料进行变分同化试验。选取站号为 01415(5.66°E,58.86°N)和 02591(18.35°E,57.65°N)两个探空站。2014 年 8 月 1—31 日累计一个月的探空资料为试验资料。探空资料来自于怀俄明大学网站。试验过程中首先对高光谱 AIRS 和探空资料进行时空匹配,剔除探空缺测时次相应 AIRS 资料。背景场采用 NCEP 的 FNL 分析场资料,水平和垂直方向分别采用双线性和取对数后线性插值到探空站点。

本书主要对比经典变分同化(L2-估计)、变分同化后验估计-观测误差重估计和 M-估计法(L2-、Huber-、Fair-和 Cauchy-估计)广义变分同化效果,以分析广义变分同化方法的可行性。在前期高光谱 AIRS 理想试验基础上,选取观测误差重估计和 Huber-估计广义变分同化开展对比试验,以验证其方法是否优于经典变分同化(L2-估计)。

试验设计如下:(1)试验资料:被同化高光谱 AIRS 观测和背景场资料均相同;(2)试验平台:使用同样版本辐射传输模式 RTTOV 和基于同样变分同化系统;(3)试验方法:在同一变分同化系统下设计对比试验(不同广义尺度 Huber-估计广义变分同化、观测误差重估计和经典变分同化),开展不同变分同化方法温度分析场与探空资料对比,以验证本方法可行性;(4)资料处理:高光谱 AIRS 通道亮温匹配到探空资料时采用"最邻近法";不考虑探空资料漂移现象;对于探空资料垂直方向采用取对数后线性外插;(5)通道组合:此同化试验在高光谱 AIRS 281 个通道组合基础上,选取了 75 个通道用于实际变分同化试验。

站号 01415 和 02591 高光谱 AIRS 的 75 个通道观测亮温(O)、模拟亮温(B)和不同同化方法得到的分析场模拟亮温偏差绝对值平均值以及相应时刻变分同化反演得到的温度场与探空资料各个模式气压层偏差绝对值平均值见图 8.11。图 8.11 中,"Huber-2"和"Huber-1"分别表示 Huber-估计广义尺度设定为 2.5 K 和1.345 K;"L2-"表示经典变分同化方法;"Reestimate"表示观测误差重估计;"Sounding"表示探空资料。

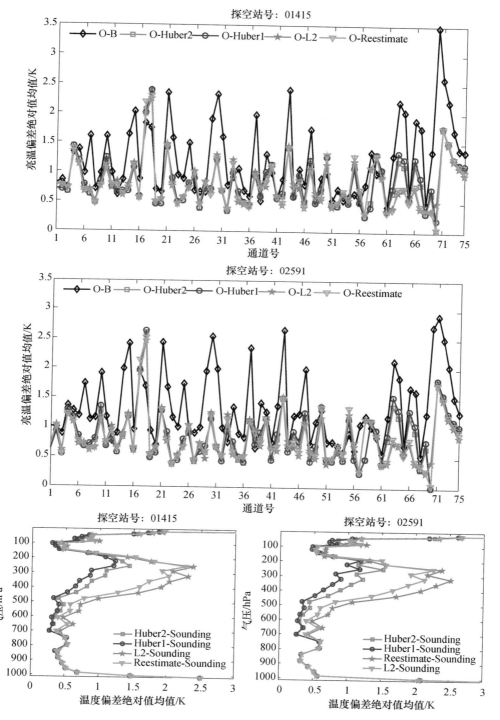

图 8.11 高光谱 AIRS 通道亮温偏差及温度场与探空资料对比分析

由图 8.11 可知,对于"通道亮温",通道 17(波数 659.05 cm^{-1})、18(波数 659.54 cm^{-1})、33(波数 672.10 cm^{-1})和 55(波数 693.03 cm^{-1})变分同化后的通道亮温偏差增大,其他通道亮温偏差减小,且减小幅度较显著。其中通道 70(波数 1572.09 cm^{-1})为水汽通道,其通道观测亮温与变分同化反演亮温接近。地表通道 71(波数 2377.45 cm^{-1})的 O—B 绝对值均值较大,变分同化后显著减小。对于"温度廓线"在统计时间段内,探空站 01415 和 02591 顶层气压一般在 17 hPa 和 27 hPa 左右,高层探空温度廓线通过外插得到,故误差较大。从温度场与探空资料对比分析可知,Huber-估计广义尺度设定为 1.345 K 效果最好,2.5 K 次之,观测误差重估计也优于经典变分同化(L2-估计)。200~750 hPa 效果较为显著,而在 750 hPa 以下两者接近,与 Noh 等(2017)研究得到的相对湿度偏差变化趋势较为一致。750 hPa 以下两者接近可能与 FNL 资料精度较高或此通道组合中只使用了部分地表通道有关。曾有学者(Arai and Liang,2009)得出对流层顶表面和周围(80~200 hPa)温度反演精度仅为 4 K,Huber-估计广义同化在此区域误差小于 2 K,但在 200~300 hPa 误差较大。Huber-估计广义同化优于经典变分同化,尤其在对流层上层,主要是水汽通道被较好地使用(O—A 偏差接近 0)。对于"湿度廓线",由于将 FNL 资料作为背景场,变分同化反演后的湿度场过多依赖于背景场,且高光谱 AIRS 通道亮温与湿度之间存在较强非线性。

8.8 高光谱 AIRS 受云影响通道亮温同化初步研究

使用广义变分同化进行高光谱 AIRS 有云亮温同化研究。首先获取云参数,再将云参数和其他变量加入变分同化极小化迭代,并提供给辐射传输模式 RTTOV 参与 AIRS 通道亮温模拟。在执行过程中动态选择 AIRS 通道形成通道子集,并在广义变分同化基础上加入约束项以实现云参数从"数学解"到"物理解"过渡(王根等,2018)。

带约束项广义变分同化核心思想是将 M-估计法(如,L2-、Huber-、Fair-和 Cauchy-估计)的权重函数耦合到经典变分同化中。带约束项广义变分同化考虑了偏差非高斯性,对"离群值"具有较强稳健性。变分极小化过程中耦合质量控制,降低了广义尺度范围外观测资料对目标泛函贡献率,且能得到较合理云参数。

8.8.1 带约束项广义变分同化理论分析

为有效同化卫星红外探测器受云影响的亮温,在 Wang 和 Zhang(2014)研究基础上采用带约束项广义变分同化进行研究,目标泛函定义为:

$$J(x,w,p) = \frac{1}{2}(x-x_b)^T B^{-1}(x-x_b) + \frac{1}{2}[H(x)-y_o]^T w R^{-1}[H(x)-y_o] + P$$

(8.31)

式中,P 为约束项;其他变量含义与非高斯广义变分同化定义类似。

当 $N_e \in [N_{e\_min}, N_{e\_max}]$ 和 $P_{CTP} \notin [P_{CTP\_low}, P_{CTP\_top}]$,此时的解为"数学解"而非

"物理解",为实现云参数从"数学解"到"物理解"过渡,定义约束项 P 为:

$$P = \sigma_{\text{CTP}} \cdot P_{\text{CTP}} + \sigma_{N_e} \cdot P_{N_e} \qquad (8.32)$$

$$P_{\text{CTP}} = \begin{cases} (\text{CTP} - P_{\text{CTP\_top}})^3 & \text{CTP} > P_{\text{CTP\_top}} \\ (P_{\text{CTP\_low}} - \text{CTP})^3 & \text{CTP} < P_{\text{CTP\_low}} \end{cases}$$

$$P_{N_e} = \begin{cases} (N_e - N_{e\_\max})^3 & N_e > N_{e\_\max} \\ (N_{e\_\min} - N_e)^3 & N_e < N_{e\_\min} \end{cases}$$

式中,σ_{CTP} 和 σ_{N_e} 分别表示有效云顶气压和有效云量代价函数"调节参数";CTP 为有效云顶气压估算;N_e 为有效云量估算;$P_{\text{CTP\_top}}$ 和 $P_{\text{CTP\_low}}$ 分别表示高云和低云气压值;$N_{e\_\max}$ 和 $N_{e\_\min}$ 分别表示最大和最小云量。

带约束项广义变分同化目标泛函梯度定义为:

$$\nabla_x J(x, w, p) = \boldsymbol{B}^{-1}(x - x_b) +$$

$$\boldsymbol{H}^{\text{T}} \left[w(r) \boldsymbol{R}^{-1}(H(x) - y_o) + \frac{1}{2}(H(x) - y_o)^{\text{T}}(w'(r)/\sigma_0) \boldsymbol{R}^{-1}(H(x) - y_o) \right] + \nabla P$$

$$(8.33)$$

此时 ∇P 采用泰勒展开一阶和二阶近似表示,如

$$(\text{CTP} - P_{\text{CTP\_top}})^3 \Rightarrow 3 \cdot (\text{CTP} - P_{\text{CTP\_top}})^2 + 6 \cdot (\text{CTP} - P_{\text{CTP\_top}})$$

依此类推。

权重因子选取 L2-、Huber-、Cauchy-和 Fair-估计。

8.8.2　背景场云参数估计

在采用带约束项广义变分同化前,所有视场点被视为潜在有云视场点,在执行变分同化极小化迭代时,需输入初始背景场以得到云参数。定义廓线(资料选自 ECMWF 廓线集)分层中云量最大值为"有效云量"。从顶层(0.1 hPa)向近地面层(998.82 hPa)推算,当某层云量超过廓线有效云量 10% 时,对应气压层为该条廓线的"有效云顶气压"(王根等,2018)。图 8.12 给出了高云、中云和低云有效云量和云顶气压定义解释。其中,"p_c^*"表示"有效云顶气压"。"N_e"表示"有效云量"。

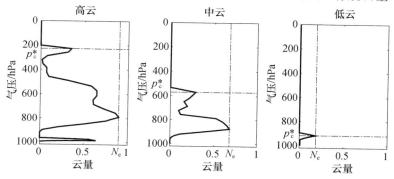

图 8.12　高云、中云和低云有效云量和云顶气压定义解释

由图 8.12 可知,高云视场点云量廓线较复杂,最大云量为 0.898,对应气压为 787.23 hPa。

8.8.3 高光谱 AIRS 通道"动态"最优选择

高光谱 AIRS 不同吸收带通道对云敏感性不同,且 AIRS 各个通道权重函数峰值层也不同。若仅同化晴空视场点通道亮温,且不考虑地表发射率等对窗区通道影响,则不需进行通道选择。为更有效地同化受云影响通道亮温,在同化过程中需动态选择通道。具体步骤如下:

第一步:计算 AIRS 通道子集中各通道在每个视场点温度雅可比矩阵。

第二步:在变分同化过程中,当通道温度雅可比垂直积分超过 10% 位于云顶之下,则拒绝视场点通道亮温(Wang and Zhang,2014)。

高、中、低云温度雅可比矩阵和温度廓线分布见图 8.13。该个例中高云、中云和低云分别选用 324 个通道中 100 个、130 个和 175 个通道;气压单位为 hPa;温度单位为 K。

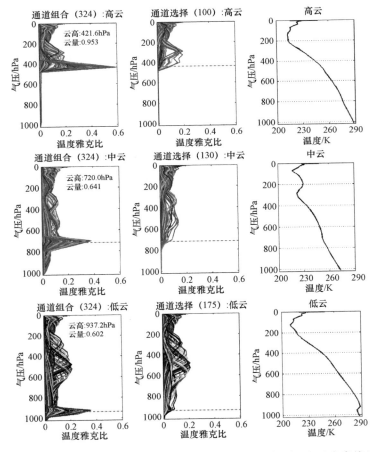

图 8.13　高光谱 AIRS 温度雅可比(左),通道最优组合(中)和温度廓线(右)

8.8.4 基于带约束项的不同广义变分算法效果分析比较

进一步进行温度和湿度同化反演以验证带约束项广义变分同化 AIRS 受云影响亮温可行性。同化高光谱 AIRS 324 个通道亮温组合,随机选取 ECMWF 廓线集中 100 个海洋视场点进行统计研究。L2-估计与 Huber-估计、Cauchy-估计和 Fair-估计变分同化得到的温度和湿度偏差均方根误差统计见图 8.14。

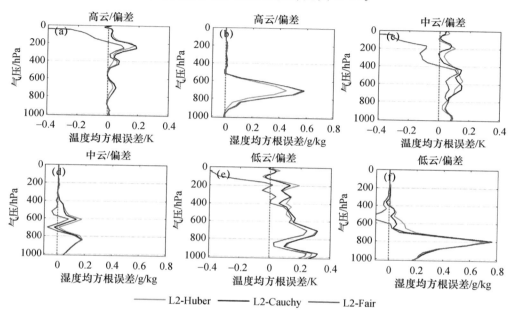

图 8.14 不同方法估计的温度、湿度误差均方根统计

由图 8.14 可知,带约束项广义变分同化高、中、低云时温度、湿度同化反演效果整体优于经典变分法。对于中云和低云,基于 Huber-估计得到了较好同化反演结果。然而,在反演模式高层温度时,基于 Fair-估计反而得到了较差结果,但其对于湿度反演效果较为理想,其结果可能与 Fair-估计分布固有特点有关,说明广义变分同化部分有云亮温时需根据不同问题,选取相应权重函数。

8.9 基于伴随的高光谱 AIRS 湿度敏感性分析

由于高光谱 AIRS 亮温对湿度非线性较强,用伴随敏感性分析亮温关于湿度变化(Arai 和 Liang,2009)。湿度敏感性定义为:

$$s_R^n = \delta BT_b^m / \delta q_0^n \quad (n = 1, 2, \cdots, 43; m = 1, 2, \cdots, 324) \qquad (8.34)$$

式中,BT_b^m 为通道 m 亮温;q_0 为湿度初始状态量;δq_0^n 为湿度初始状态量 q_0 第 n 个分量扰动量;δBT_b^m 为由于初始状态量 q_0 第 n 个量发生扰动时引起 BT_b^m 变化量。

从 AIRS 光谱覆盖中选出一些代表 CO_2 长波、H_2O 吸收带和 CO_2 短波区域的通道亮温对湿度的相对敏感性见图 8.15。

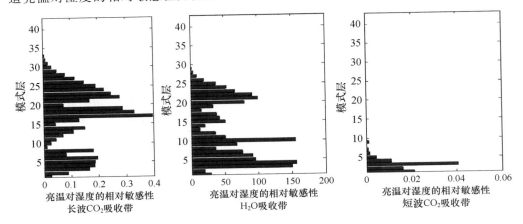

图 8.15   高光谱 AIRS 亮温伴随敏感性分析

由图 8.15 可知,CO_2 吸收带处的通道亮温对湿度敏感性较小,但 H_2O 吸收带处通道对湿度敏感性较大,量级通常是别的吸收带的 1000 倍。这进一步斧正说明了水汽通道亮温变分同化是一个较难的研究课题。

第2篇　大气科学中的数学反问题和人工智能在卫星资料中的应用

关于数学反问题在大气科学中的应用较为广泛,本书不过多介绍数学反问题理论,而是通过一些例子介绍其在大气科学中的应用。如"光谱亮温信息重构"压缩感知理论分析中的信号图像恢复、基于L1-范数约束的GIIRS三维云量廓线反演、降水和降雪等反演、降尺度等都涉及到数学反问题。大气科学中常用的统计方法,均可尝试采用人工智能方法进行"替代"研究。下面重点介绍数学反问题和人工智能在卫星红外探测器降水反演方面的研究工作。

第9章　数学反问题和卫星红外资料反演降水关键问题分析

9.1　定量降水反演基本思想

降水反演基本思想是利用以下"关系"建立响应(降水值)与协变(通道亮温或其他特征组合)之间的传递函数(He et al,2016):

$$y = f(x) + \text{error} \tag{9.1}$$

$$x = (x_1, x_2, \cdots, x_N) \in R^N \tag{9.2}$$

式中,y 为降水值;x 为多维特征向量;x_i 为单个协变量(如通道亮温),N 为输入特征空间的维数。f 可以是线性也可以是非线性函数。在人工智能中,f 常表示为"黑箱"模型,可能没有特定的形式。如 f 可采用随机森林(random forest,RF)、极端梯度提升(extreme gradient boosting,XGBoost)模型等。

需要说明的是,本书算法可推广性极强,可推广至降雪、大气可降水量、云参数反演等,基于统计方法均可尝试采用反问题和人工智能方法进行相关研究。

9.2 卫星红外光谱资料陆表降水反演的难点及关键问题分析

因海面观测资料较少,而地面自动站观测降水可视为"降水真值",此部分分析和介绍卫星红外光谱亮温陆表降水反演的难点和一些初步设想。

9.2.1 问题的引入

图 9.1 给出了国外宇航员用相机拍摄的一张云图,图片引自国际空间站,网站:https://eol.jsc.nasa.gov/SearchPhotos/。

图 9.1 云垂直分布结构展示

(引自:https://eol.jsc.nasa.gov/SearchPhotos/)

由图 9.1 可知,此时云发展较为"旺盛",三维立体感较强。卫星红外遥感只能探测到云顶亮温信息,即卫星观测到的视场点亮温值(单层值)是垂直信息的综合反应。由此引出的问题可能导致亮温低值区域与降水强中心区域具有"不一致性,尤其在陆地(图 9.3)"。从理论上讲,微波辐射比红外辐射能更好地穿透云层,获得较高降水反演精度,但其时间分辨率相对较低。卫星红外探测器只能探测云顶信息,当降水强度超过一定阈值时,探测器信号会"饱和",故卫星红外光谱亮温资料反演降水一直是研究热点和难点。

图 9.2 给出了安徽及淮河流域 2017 年 8 月 24 日 08 时(世界时)的 GPM(Global Precipitation Measurement,全球降水测量)、自动站观测降水、H8/AHI 窗区云图和亮温边缘梯度分布。其中,亮温边缘梯度基于图像处理模式识别方法以挖掘图像信息。

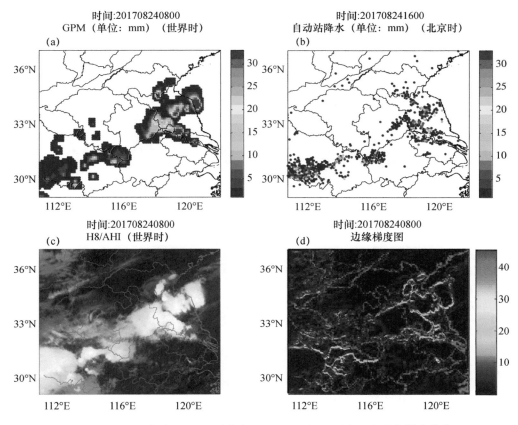

图 9.2　GPM(a)、自动站(b)观测降水、H8/AHI 窗区云图(c)和边缘梯度分布(d)

由图 9.2 可知,此次过程中 H8/AHI 云图分布与 GPM 和自动站观测降水具有较好的一致性,低亮温区域对应强降水中心。GPM 与自动站观测降水在降水分布和量级具有较好一致性。

图 9.3 进一步给出了台风"温比亚(2018)"期间影响安徽和淮河流域的 2018 年 8 月 17 日 09 时(世界时)的 GPM、自动站观测降水、H8/AHI 和 FY-4A/AGRI 窗区云图分布。

由图 9.3 可知,此次过程云图分布与 GPM 具有较好的一致性,低亮温区域对应强降水区域,但 GPM 与地面自动站观测的降水落区存在较大偏差。可能是不同天气系统相互影响或地形等影响降水,此处引出了仅使用卫星红外资料反演降水存在的"问题"。

为分析 GPM 和自动站观测降水资料的合理性,给出了安徽省合肥雷达回波分布。图 9.4 左为 2018 年 8 月 17 日 09 时(北京时)、图 9.4 右为 2018 年 8 月 17 日 17 时(北京时)雷达回波图。

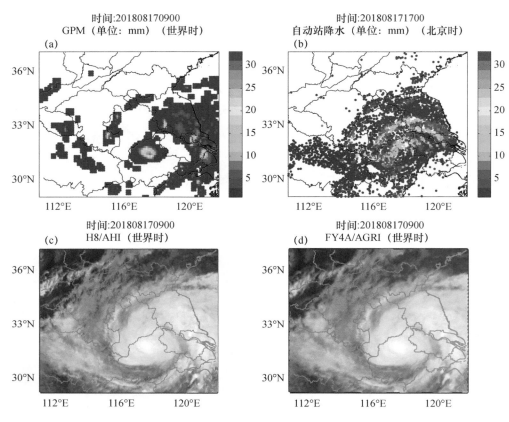

图 9.3　GPM(a)、自动站(b)观测降水、H8/AHI(c)窗区和 FY-4A/AGRI(d)云图分布

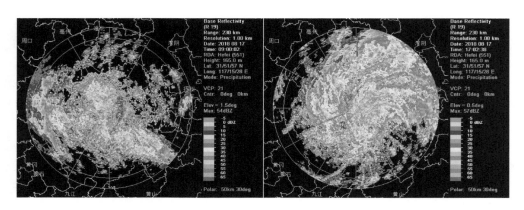

图 9.4　安徽合肥雷达回波图

由图 9.4 可知,此时间雷达回波与地面观测具有较好的一致性,结合图 9.3 和实际调查,此时台风"温比亚(2018)"导致的降水影响范围较广。

9.2.2 卫星反演降水算法初步设想

卫星定量降水反演算法设想:(1)选择最有价值的协变量,即特征组合。在构建输入特征时,为考虑不同天气过程对降水反演影响,可辅以云物理特征产品(云顶温度、云顶高度、云水路径、云相态等)、传统重要天气热力(如,K 指数)、动力(如,对流有效位能 CAPE)和湿度(如,总降水量 TPW)等指标、代表大气环境背景场等数值天气预报(NWP)产品。在构建"特征"时也可借鉴图像处理和模式识别中的一些方法(Fethi 等,2018)。进一步考虑地形下垫面等对降水反演影响;(2)将降水特性或精度评估方法加入到现有模型(如 RF,U-Net 等)的"损失函数"中,关键是将一些"离散"的度量指标转为近似"连续"度量以实现损失函数优化;(3)将数学反问题与物理反演模型耦合;(4)发展新的符合实际问题的人工智能降水反演算法,此需要数学家、人工智能和气象学家等共同的努力,也是未来的发展方向。

第10章　基于数学反问题和深度学习的卫星红外资料反演降水

卫星资料反演降水可弥补边远等地区站网不足的缺陷,本书中降水反演算法可推广至不同卫星探测器如极轨系列、静止系列、微波系列、红外系列等或雷达资料,也可用于不同气象要素如降雪、地表温度、海表温度、大气可降水量反演等等。该方法不仅具有普适性,还可在反演模型中加入不同变量的"物理性",也可加入特定"地形"参数或天气过程特征等。

卫星资料应用较为广泛,可用于生态环境监测、气候、交通(如地表温度、能见度和团雾识别)、人工影响天气(如卫星反演云粒子大小、垂直结构)、农业气象、森林大火、地质滑坡、洪涝监测、台风强度估计、干旱监测、飞机结冰、雷暴及雨雪冰冻、降雪监测等灾害高影响天气。考虑到篇幅,本书仅聚焦卫星红外资料反演降水及台风主导云系识别与预报。关于卫星资料其他应用如对流初生识别和追踪系统、大雾识别系统、卫星反演土壤湿度等方面的研究工作在本书后续版本介绍。

10.1　基于物理变分反演 FY-4A/GIIRS 廓线及通道光谱信号分析

温度、水汽是大气的本征信息量。利用卫星高光谱红外资料反演大气温度、湿度廓线等有利于准确预报天气。考虑到 FY-4 卫星高光谱 GIIRS 有 1650 个通道,通道权重函数峰值位于模式不同层,且不同峰值层通道亮温对降水信号反应的强度不同。针对"山竹(2018)"台风过程,物理变分同化反演得到加密观测区域温度、湿度廓线等,能确定台风强度和预测其轨迹以降低国民经济损失。

图 10.1 给出了台风"山竹"运动轨迹及 FY-4A/GIIRS 加密观测区域。图 10.1 中,"Date"表示"时间";"Ch"表示"通道";"Zone-1"表示"加密区域 1";"Zone-2"表示"加密区域 2";色标表示"亮温值(单位:K)"。

图 10.2 给出了 GIIRS 水汽通道 919、700、1005、993、1046、1018、1132 和 1228 权重函数峰值层分别位于 286.26 hPa,328.67 hPa,459.71 hPa,535.23 hPa,596.31 hPa,683.67 hPa,753.63 hPa 和 827.37 hPa 的加密观测亮温随时间的光谱信号变化及相应时刻的 GPM 降水资料区域分布。

由图 10.2 可知,在初始出现强降水中心时,雅可比峰值在 596.31 hPa 的通道 1046 亮温急剧下降。

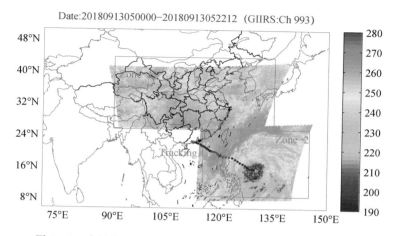

图 10.1 台风"山竹"运动轨迹及 FY-4A/GIIRS 加密观测区域

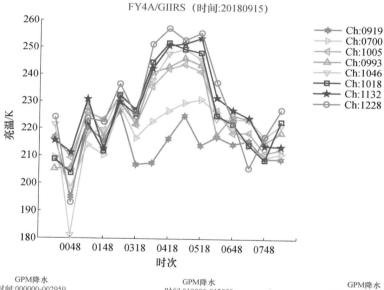

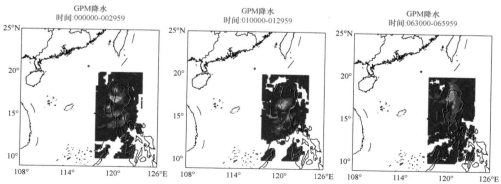

图 10.2 FY-4A/GIIRS 不同时刻菲律宾区域通道亮温和 GPM 降水时序变化

在通过物理变分反演出温度、湿度等廓线和表面信息后,可定出台风强度,从而用于台风监测。

10.2 卫星红外资料反演降水国内外进展及发展趋势

台风和暴雨等高影响灾害性天气监测和预警或以生物多样性、生态环境和水文气象为导向的项目需要高质量降水产品。由于异质性,降水较难估算,相对于极轨卫星,静止卫星具有高时间分辨率,能实现大范围、快速和长期连续大气观测,对高影响天气监测和预报至关重要。相对于雷达观测,静止卫星能提前识别出将要发生的对流信息(Lee et al,2017)。静止气象卫星是能从天气尺度和中小尺度上同步观测各种云系演变的空间平台,可弥补无雷达地区降水资料不足,为气象观测提供丰富信息(张保林等,2018)。从理论上讲,微波辐射比红外辐射能更好地穿透云层,获得较高降水反演精度,但微波卫星时间分辨率相对较低(Min et al,2019)。静止风云四号 A 星(FY-4A)携带多通道扫描成像辐射计(advanced geosynchronous radiation imager,AGRI)加密期时间分辨率可高达 15 min,在中国区域时间分辨率更高(Yang et al,2017)。卫星红外光谱探测云时作为"黑体",无法穿透云(Wang et al,2014;Min et al,2019),当雨强超过一定阈值时,红外探测器信号会"饱和",故卫星红外光谱资料反演降水一直是研究热点和难点。近年来随着地球系统科学及交叉学科(如数学物理反问题、多源数据融合、人工智能等)的发展,为遥感定量化降水反演和融合提供了较好机遇以帮助我们更好地去理解云和降水、暴雨、强对流等天气过程发生和发展机制。在海洋、山区、内陆湖泊和人口稀少边远区,缺乏地面雨量传感器和气象雷达,可从气象卫星传感器信号中反演降水(Min et al,2019)。卫星反演降水产品已成为覆盖全球降水观测唯一有效手段,世界气象组织倡导并实施了卫星遥感降水反演评估计划(Turk et al,2008)。国内外学者开展了大量卫星红外探测器反演降水的研究工作(如 MSG/SEVIRI、Himawari-8/AHI 等)。在台风、暴雨和强对流等高影响灾害性天气发生和发展过程中,对降水监测也至关重要(Wang et al,2020)。如 2019 年登陆中国台风"利奇马"造成浙江、山东、江苏、安徽、辽宁、上海、福建、河北、吉林 9 省(市)64 市 403 个县 1402.4 万人受灾,直接经济损失 515.3 亿元(数据来自:2019 年全国十大自然灾害,中华人民共和国应急管理部)。

目前获取降水信息主要方法包括:地面雨量传感器、地基雷达、卫星观测、数值预报,这些方法在观测原理、算法精度、产品时空分辨率和覆盖范围等方面存在差异和互补性(Wang et al,2020)。孙绍辉等(2019)利用查算表开展了 Himawari-8(H8)红外亮温反演降水研究,得到查算表维数越多,反演精度越高。燕亚菲等(2019)利用 H8 红外亮温资料估计台风"莫兰蒂"短时强降水及其演变。Tao 等(2018)基于卫星红外和水汽通道亮温,在判识区域有无降水基础上,使用二阶段深度神经网络反演降水,击中率和虚警率分别为 0.418 和 0.528。Turini 等(2019)基于机器学习开展了伊朗地区 MSG/SEVIRI 红外资料反演降水。Hirose 等(2019)基于 H8/AHI 红外亮温作为"输入数据",雷达估测降水作为"输出数据"采用随机森林 RF (Breiman,2001)反演降水。Min 等(2019)采用随机森林基于 NWP 产品、GPM 开展了 H8/AHI 红外亮温反演降水,取得了较好反演结果,并探索了云物理特征、地表高程等数据对反演效果影响。Ebtehaj 等(2015)基于反问题,提出了收缩局部线性嵌入(Shrunken Locally Linear Embedding,SLLE)方法反演 TRMM 降水。Wang 等(2020)采用改进局部线性嵌入法开展了 FY-4A/AGRI 红外亮温反演台风"玛莉亚(2018)"降水,基于贝叶斯模型平均度量了不同通道亮温对降水反演模型目标函数贡献率。Wang 等(2020)将模糊 C 均值隶属度应用于降水反演场,得到了台风主体降水形态结构。王根等(2020a,b)在开展 H8/AHI 红外降水信号识别基础上,将局部线性嵌入法用于对流和台风降水反演。

在反问题目标函数中可加入正则项约束、人工智能深度学习可度量"因变量"和"自变量"非线性关系,故在卫星红外光谱资料反演降水具有一定优势。将降水"物理性"作为约束或先验信息加入到反问题或人工智能中进行卫星红外光谱亮温反演降水,尤其是反演极端强降水(Min et al,2019)是未来发展方向。发展新的结合物理和人工智能方法反演卫星红外探测器降水,以帮助我们更好地去理解云和降水、暴雨、强对流等天气过程发生和发展机制,并在高影响天气系统预警中应用也是未来发展方向。

10.3　基于正则化反问题的 FY-4A/AGRI 红外亮温反演降水

10.3.1　K-最邻近分类与回归

K-最邻近(K-nearest neighbor,KNN)核心思想是如果一个样本的 k 个最近样本中大多数属于某一个类别,则该样本也属于这个类别。本书采用投票方法计算。它是从 k 个最邻近投票得到的分类结果。定义如下:

$$J = \operatorname*{argmax}_C \sum_{i=1}^{k} P(A_i = C) = \operatorname*{argmax}_C M_C \tag{10.1}$$

式中,$P(C)$ 表示指示函数,当条件 C 为真时返回 1,否则返回 0;M_C 表示 k 个最邻近中类标号是 C 类的个数。

在 KNN 分类模型基础上,标准 KNN 回归算法的基本思想是,对 k 个最近邻的目标值求均值,将其作为模型算法的输出估计值,即本书的降水反演值。

10.3.2　正则化反问题降水反演算法

假设每个视场点卫星红外光谱观测亮温和降水分别记为 $\boldsymbol{y} = (y_1, y_2, \cdots, y_{n_c})^{\mathrm{T}}$ 和 $\boldsymbol{x} = (x_1, x_2, \cdots, x_{n_r})^{\mathrm{T}}$,其中 n_c 和 n_r 分别表示卫星通道数和降水强度(本书令 $n_r =$

1)。在有限维空间中，可表示为以下非线性关系（Ebtehaj et al,2015；Wang et al,2020；王根等,2020a）：

$$y = F(\boldsymbol{x}) + v \tag{10.2}$$

式中，$F(\cdot): \boldsymbol{x} \rightarrow \boldsymbol{y}$ 表示将降水强度"投影"到光谱亮温空间；$v \in R^{n_c}$ 表示误差。

首先基于 KNN 算法识别 AGRI 通道亮温"降水"和"非降水"信号；其次在"降水信号"子空间，基于正则化约束反问题进行 AGRI 降水反演。

匹配的历史训练样本库通道"亮温"和"降水"字典表示为 $\Gamma = \{(\boldsymbol{b}_i, \boldsymbol{r}_i)\}_{i=1}^{M}$。$\boldsymbol{b}_i = [b_{1i}, b_{2i}, \cdots, b_{n_ci}]^T \in R^{n_c}$ 和 $\boldsymbol{r}_i = [r_{1i}, r_{2i}, \cdots, r_{n_ri}]^T \in R^{n_r}$ 分别表示亮温和降水字典原子。亮温和降水字典分别记为 $\boldsymbol{B} = [\boldsymbol{b}_1 | \cdots | \boldsymbol{b}_M] \in R^{n_c \times M}$ 和 $\boldsymbol{R} = [\boldsymbol{r}_1 | \cdots | \boldsymbol{r}_M] \in R^{n_r \times M}$。

降水反演步骤如下：

第一步：最优"原子"组合。在 $\boldsymbol{B} = [\boldsymbol{b}_1 | \cdots | \boldsymbol{b}_M] \in R^{n_c \times M}$ 中基于 KNN 寻找最优"原子"组合表示待反演视场点光谱观测亮温 $\boldsymbol{y} = (y_1, y_2, \cdots, y_{n_c})^T$。为使"数学解"到"物理解"过渡，可构建降水信号特有距离度量函数。

第二步：判断待反演视场点有无降水。基于最优"原子"组合，定义 KNN 邻域大小 K_1，如果 K_1 个视场点出现降水总概率小于检测概率，则此待反演视场点标记为"无降水"；否则视场点标记为"有降水"，执行第三步。

第三步：降水反演。由最优"原子"拟合待反演 AGRI 通道观测亮温，则有：

$$y = \boldsymbol{B}_S \boldsymbol{c} + v \tag{10.3}$$

式中，$\boldsymbol{B}_S$ 表示最优原子字典子集；v 表示观测误差。求解原子系数 $\boldsymbol{c}$ 即为"数学物理"中反问题。

通过极小化带物理约束或先验信息正则项约束目标函数求解原子系数 $\boldsymbol{c}$：

$$\begin{cases} \underset{c}{\text{minimize}} \; \| \boldsymbol{W}^{1/2}(\boldsymbol{y} - \boldsymbol{B}_S \boldsymbol{c}) \|_2^2 + \lambda_1 \| \boldsymbol{c} \|_{\text{M-estimators}} + \lambda_{\text{phy}} \| \text{loss} \|_{\text{Physics\_based}} \\ \boldsymbol{c} \geqslant 0, \mathbf{1}^T \boldsymbol{c} = 1 \end{cases} \tag{10.4}$$

式中，$\boldsymbol{W}$ 表示通道观测亮温对目标函数贡献率，此处 $\boldsymbol{W}$ 值通过贝叶斯模型平均（Bayesian model averaging，BMA）优化，并探讨 BMA-Gamma、BMA-Normal 和 BMA-Heteroscedastic 对降水反演精度的影响（Wang et al,2020；王根等,2020a），结合通道权重函数峰值层优化 $\boldsymbol{W}$；λ_1 和 λ_{phy} 表示正则化参数；$\| \text{loss} \|_{\text{Physics\_based}}$ 表示基于物理约束或先验信息定义的"损失函数"。$\| \boldsymbol{c} \|_{\text{M-estimators}}$ 中的 M-估计（如，L1-、L2-和 Huber-范数等）（Wang and Zhang,2014；王根等,2017；2019）作为正则化约束项。此处 M-估计可参考前面章节介绍的构建原则。本书基于"伴随敏感性"和"L 曲线"法优化正则化参数。

将原子系数 $\boldsymbol{c}$ 用于匹配降水字典子集 $\boldsymbol{R}_S$，得到 $\boldsymbol{x}$ 即为降水反演值，则有：

$$\boldsymbol{x} \approx \boldsymbol{R}_S \boldsymbol{c} \tag{10.5}$$

式中，$\boldsymbol{R}_S$ 表示与 $\boldsymbol{B}_S$ 相对应的 $\boldsymbol{R} = [\boldsymbol{r}_1 | \cdots | \boldsymbol{r}_M] \in R^{n_r \times M}$ 的字典子集。

需要说明的是,本书算法在构建"亮温字典"时可加入"辅助数据"。辅助数据包括但不仅限于:云物理特征产品(云顶温度、云顶高度、云水路径、云相态等)、传统重要天气热力(如 K 指数)、动力(如 CAPE)和湿度(如 TPW)等指标、地表高程信息、代表大气环境背景场等数值天气预报产品(Min et al,2019)。

10.3.3　精度评估方法

峰值信噪比(peak signal-to-noise ratio,PSNR)计算公式为:

$$PSNR = 20\lg\left(\frac{L}{\sqrt{MSE}}\right)$$

式中,L 为参考的高分辨率图像或降水场动态范围(王根等,2017b);MSE(mean square error)为均方差。

评估方法包括皮尔森相关系数(pearson product-moment correlation coefficient,记为"corr")、相对均方误差均值(relative mean squared error,MSE_r)、相对绝对误差均值(relative mean absolute error,MAE_r)、相对偏差(BIAS$_r$)、击中率(probability of detection,POD)、虚警率(false-alarm ratio,FAR)和临界成功指数(critical success index,CSI)。各评估方法介绍可参考 Wang 等(2020)工作。

对于需要比较的两个数据集 U 和 V 的结构相似性(Structural SIMilarity,SSIM)定义为:

$$SSIM(\boldsymbol{u},\boldsymbol{v}) = \frac{(2\overline{\boldsymbol{u}\boldsymbol{v}} + c_1)(2\,\overline{(\boldsymbol{u}-\overline{\boldsymbol{u}})(\boldsymbol{v}-\overline{\boldsymbol{v}})} + c_2)}{(\overline{\boldsymbol{u}}^2 + \overline{\boldsymbol{v}}^2 + c_1)(\overline{(\boldsymbol{u}-\overline{\boldsymbol{u}})^2} + \overline{(\boldsymbol{v}-\overline{\boldsymbol{v}})^2} + c_2)} \tag{10.6}$$

式中,c_1 和 c_2 表示为常数,用于稳定计算;u 和 v 分别表示为数据集 U 和 V 的部分数据集;$\overline{u}$ 和 $\overline{v}$ 分别表示为 u 和 v 某点周围所选的邻域。

10.3.4　FY-4A/AGRI 红外光谱通道亮温降水信号识别

我国新一代静止气象卫星 FY-4A 携带的辐射计 AGRI 有 8 个红外光谱通道(Yang et al,2017)。本节仅使用后 7 个红外光谱通道亮温反演降水,中心波长分别为 3.72 μm,6.25 μm,7.10 μm,8.5 μm,10.8 μm,12.0 μm 和 13.5 μm。AGRI 全圆盘 4 km L1 级亮温和云分类产品(Min et al,2017)数据来自国家卫星气象中心网站,网站为:http://satellite.nsmc.org.cn/PortalSite/Default.aspx。

本书使用全球降水量测量 GPM IMERG(Sounak et al,2018)数据空间覆盖范围为89.95°S—89.95°N,179.95°W—179.95°E。空间和时间分辨率分别为 0.1°×0.1° 和30 min。降水数据来源于美国国家宇航局(National Aeronautics and Space Administration,NASA)。网站为:https://pmm.nasa.gov/data-access/downloads/gpm。

因 AGRI 和 GPM 数据时空尺度不同,在构建历史样本训练库时,取世界时整点,采用"最近邻"插值将 AGRI 匹配至 GPM 视场点生成样本数据。

本节利用台风"玛莉亚(2018)"2018 年 7 月 9—11 日过程区域的 AGRI 红

外通道亮温识别降水信号。其中降水视场点的判断参考相匹配的 GPM 资料；AGRI 不同通道亮温差（单位：K）定义为非降水和降水视场点亮温之差，见图 10.3a。

为分析不同降水强度对 AGRI 通道亮温影响，进一步将降水分为 5 个等级进行统计。等级分别为非降水（记为："Non-precipitation"）、0.1～5 mm/h 降水、5～10 mm/h降水、10～15 mm/h 降水、15～（＋∞）mm/h 降水（记为："15-Inf"）。不同等级降水的 AGRI 通道亮温均值（单位：K）见图 10.3b。

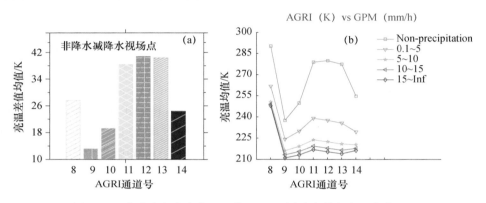

图 10.3　非降水与降水亮温差值(a)和不同降水等级亮温均值(b)

由图 10.3 可知，对于 FY-4A/AGRI 红外通道 8—14，当降水发生时通道亮温梯度均有变化，其中通道 9 的变化幅度最小，仅为 13.93 K，通道 12 的变化幅度最大，为 40.28 K。说明 FY-4A/AGRI 通道亮温对降水信号识别有较好的指示作用。从降水等级统计分析可知，即使仅有弱降水，AGRI 通道亮温变化幅度仍较大。当降水强度增强时，AGRI 通道亮温梯度变化幅度较小，可能与统计历史样本库中降水样本少，代表性不够有关；也可能与红外通道对云较敏感，只能探测云顶亮温和无法穿透云层等自身特点有关（王根等，2017c）。但不同等级降水亮温梯度存在一定变化，说明对降水强度有一定指示作用。

10.3.5　基于贝叶斯模型平均的通道贡献率优化

本书基于 KNN 得到 AGRI 红外通道"降水信号"后，通道贡献率 **W** 的确定较为关键。基于贝叶斯模型平均 BMA（Raftery et al,2005）估计出 AGRI 不同通道对反演模型目标函数的贡献率。优化过程中分别采用 BMA-Gamma、BMA-Normal 和 BMA-Heteroscedastic 得到的通道贡献率见图 10.4a。其中，Gamma，Normal 和 Heteroscedastic 分别表示异方差 Gamma、同方差正态和异方差正态条件概率分布（Wang et al,2020）。采用 RTTOV 计算美国标准大气廓线得到 AGRI 通道 8—14 的权重函数分布见图 10.4b。其中，"Ch"表示"通道"。

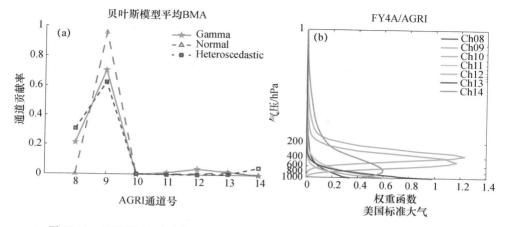

图 10.4　基于 BMA 方法优化的 AGRI 通道贡献率(a)和通道权重函数(b)分布

由图 10.4 可知,基于 BMA-Gamma 得到通道 9(权重函数峰值是 358.28 hPa)的贡献率较大,可能与通道 9 主要探测大气水汽等有关,而其他通道贡献率值较小。基于 BMA-Gamma 得到的 AGRI 不同通道的贡献率用于降水反演效果最好,可能与降水服从"Gamma"分布的特征有关(图省略)。

10.3.6　基于正则化反问题法的 AGRI 亮温反演降水试验

图 10.5 分别给出了台风"玛莉亚(2018)"过程中的 AGRI 原始亮温、GPM 降水、AGRI 亮温反演降水和基于模糊 C 均值聚类(Fuzzy C-Means,FCM)识别出的"主导云系"分布,此处仅使用窗区通道。关于主导云系的识别具体细节参考 Wang 等(2019)工作。此部分研究成果入选中国气象局综合观测司、国家卫星气象中心主办的《风云气象卫星及应用简报》2019 年第 08 期。

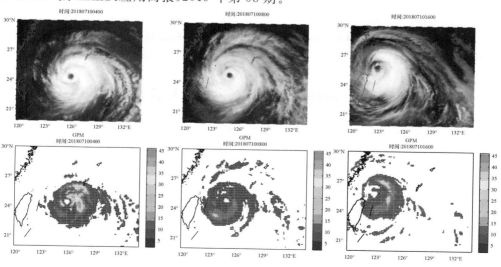

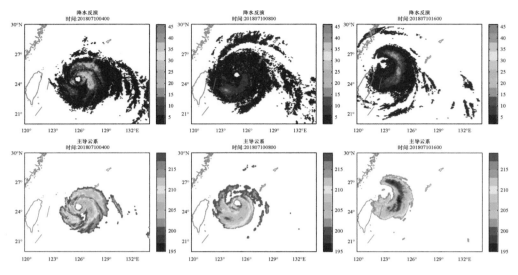

图 10.5　AGRI 亮温、GPM 降水、反演降水和主导云系分布

由图 10.5 可知,基于正则化反问题得到的反演降水场与 GPM 较吻合,能反演出台风中螺旋云雨带。FCM 识别的台风主导云系亮温分布与 GPM 降水场具有较好一致性,AGRI 亮温低值区对应于 GPM 强降水区(表 10.1)。

表 10.1　台风"玛莉亚(2018)"过程中 AGRI 反演降水与 GPM 比较

时间(年月日时)	SSIM	PSNR	POD	FAR	CSI
2018071004	0.902	28.385	0.9938	0.0117	0.9822
2018071008	0.892	27.875	0.9954	0.0081	0.9874
2018071016	0.957	31.693	0.9995	0.0038	0.9957

注:SSIM 单位无量纲,SSIM 越大,则表明 2 个比较对象越相似,当 SSIM 为 1 时,则表明待比较的 2 个对象是同一对象。PSNR 单位为 dB(分贝),PSNR 值越大,则表明反演场与 GPM 真实场比较,失真越少。POD,FAR 和 CSI 中降水阈值设为 5.0 mm/h。

10.3.7　台风"玛莉亚(2018)"主导云系发展时序变化分析

采用 FCM 进行 AGRI 10.8 μm 窗区通道亮温识别台风的主导云系,从辐射参数(云顶平均亮温和最低亮温)和形状参数(云团面积)进行台风主导云系时序变化度量。此处将云团面积简化为像素点或视场点个数。图 10.6 是 2018 年 7 月 10 日 00—18 时整点时刻的 FCM 主导云系识别结果,分别为云顶平均亮温(单位:K)、最低亮温(单位:K)、云团面积和平均亮温梯度(单位:K)时间序列变化。

由图 10.6 可知,2018 年 7 月 10 日 16 时台风主导云系亮温均值变化幅度最大,亮温最小值在 194.1 K,且云系包含像素点或视场点面积最小。亮温梯度变化幅度最大,存在"跳跃"点。结合台风路径(网站:http://typhoon.nmc.cn/web.html)分析,此时段正是"玛莉亚(2018)"以超强台风转变为台风的时刻,说明 FCM 识别的主导云系的亮温梯度具有一定的指示作用,能辅助气象预报员分析台风强度变化。

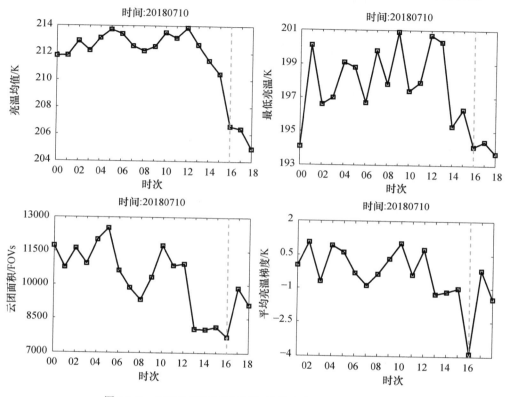

图 10.6　AGRI 云团辐射参数、形状参数及梯度时序变化

10.4　基于随机森林的 FY-4A/AGRI 红外亮温反演降水

10.4.1　基于随机森林模型的 AGRI 资料反演降水

在卫星红外光谱亮温反演降水时,随机森林 RF 模型能处理亮温与降水非线性关系。RF 有"树数量"和在每个节点处分割时随机采样"变量数量"两个基本模型参数需要调整。除此两个参数以外其他参数均使用默认值。参考 Hirose 等(2019)工作,将"树数量"和"变量数量"分别设定为 500 和 7。随机森林模型可评价变量的重要性以优选变量,评价原理为随机改变某解释变量取值,利用生成的随机森林模型进行袋外数据(out-of-bag,OOB)拟合误差,OOB 误差增加越多,该变量越重要。

基于随机森林模型反演降水分两步执行,第一步基于 RF 分类模型判识降水与非降水视场点,如得到待反演视场点标记为"非降水",则降水值赋为 0;否则执行第二步,即基于 RF 回归模型反演降水。

因本书主要开展随机森林在 AGRI 资料反演降水中的适用性研究,训练样本的选取采用前一时次资料作为训练样本反演下一时次降水,如采用 00:00 时次样本反演 01:00 时次降水,以此类推。

以台风"海贝思(2019)"为例,分析 2019 年 10 月 12 日 01:00 时和 12:00 时登陆前后的降水反演结果。图 10.7 分别给出了 AGRI 窗区 10.8 μm 云图、"真实"降水、分别采用随机森林和正则化反问题反演得到的降水分布(单位:mm)。

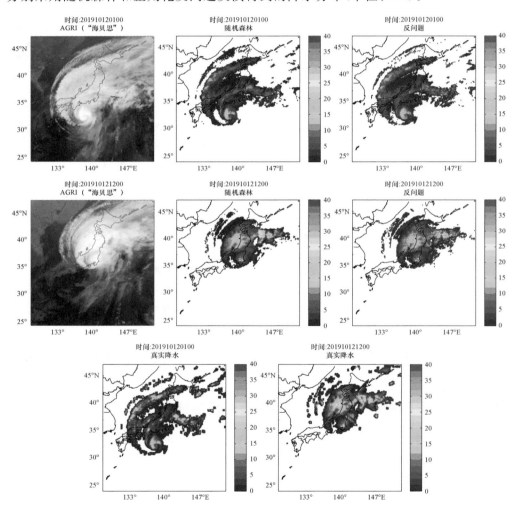

图 10.7 AGRI 云图、真实降水、基于不同方法降水反演分布

进一步采用随机森林和 L1-范数反演降水评估,结果见表 10.2。

表 10.2　台风"海贝思(2019)"降水反演评估

时间(年月日时)		Corr	SSIM	PSNR	POD	FAR	CSI
随机森林	201910120100	0.748	0.8475	20.3516	0.9877	0.0223	0.9659
	201910121200	0.865	0.8992	25.9068	0.9909	0.0123	0.9788
反问题	201910120100	0.730	0.8505	21.3118	0.9835	0.0205	0.9637
	201910121200	0.818	0.8831	25.8869	0.9905	0.0153	0.9754

结合图 10.7 和表 10.2 可知,本书采用的随机森林和反问题法得到的 AGRI 反演降水精度均较高,整体上随机森林方法效果优于反问题法。

由于使用了不同数据,因此不宜直接将这些结果与其他研究结果直接进行比较。但是,本书采用的反演降水方法准确性指标高于其他文献。例如,Sharifi 等(2019)和 Tao 等(2018)研究得到的相关系数低于本书,说明红外亮温反演降水具有一定难度。

10.4.2　随机森林分类和回归反演降水精度分析

2019 年 10 月 12 日全天基于不同特征组合的随机森林分类模型识别降水视场点和随机森林回归模型反演视场点降水精度见图 10.8。

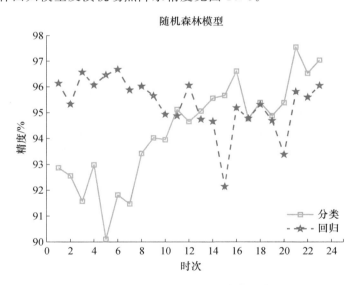

图 10.8　随机森林分类和回归反演降水精度分析

由图 10.8 可知,随机森林分类和回归的精度较高,稳定性好、泛化能力强。需要说明的是最终的降水反演受随机森林分类和回归的综合影响。

10.4.3　不同特征组合分析

为了使降水反演模型能考虑通道亮温时间和空间信息,可将云的光谱、纹理结构和时间特征作为降水反演模型的"输入变量"。红外通道 10.8 μm 的亮温可用于云顶温度判识。但层状云降水并不一定具有低温特征。故需要使用其他特性来检测这些云。云顶高度对对流强度和降水具有较好的指示作用（Fethi et al,2018）。$\Delta T_{6.25\sim10.8\ \mu m}$ 和 $\Delta T_{7.10\sim12.0\ \mu m}$ 亮温差值能有效地识别高层和中层云。降水的形成过程主要与上层云区存在大量冰或水滴有关。可通过 $\Delta T_{8.50\sim10.8\ \mu m}$ 和 $\Delta T_{10.8\sim12.0\ \mu m}$ 亮温差值获取云发展阶段信息。云团变率的"时间特性"参数可通过 10.8 μm 通道的时间差异得到。云在发展阶段时 $\Delta IR_{10.8\ \mu m}$ 为负。反之,则此云被认为处于衰变阶段。"纹理特征"可通过图像处理常用的"灰度共生矩阵"进行度量。选取其四个方向的二阶矩（能量）、对比度、相关性和熵。

10.5　KNN 距离度量函数对 AGRI 红外亮温反演降水影响分析

　　本节主要探讨 K-最近邻（KNN）不同度量距离对降水反演精度影响（王根等,2020a）,采用前一时次资料作为训练样本反演下一时次降水。以 2018 年 7 月 22 日 12 时台风"安比（2018）"为例开展降水反演,AGRI 云图、"真实"GPM 降水和基于不同距离（欧氏、标准化欧氏、马氏和布洛克距离）度量的 AGRI 反演降水精度分析见图 10.9 和表 10.3。

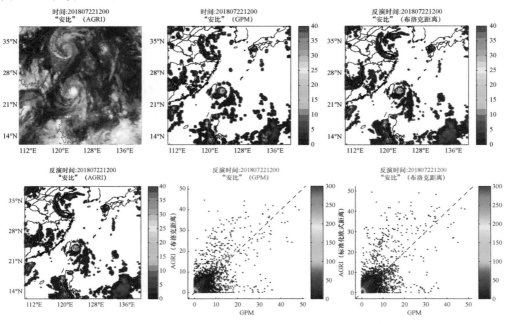

图 10.9　KNN 不同距离度量反演台风"安比（2018）"降水分布

表 10.3　KNN 不同距离度量反演台风"安比（2018）"降水精度分析

	Corr	SSIM	PSNR	POD	FAR	CSI
欧氏距离	0.7541	0.9298	32.1315	0.9944	0.0093	0.9852
标准化欧氏距离	0.7531	0.9284	31.8014	0.9943	0.0096	0.9848
马氏距离	0.7581	0.9281	32.4531	0.9943	0.0092	0.9852
布洛克距离	0.7702	0.9294	32.5827	0.9943	0.0091	0.9852

结合图 10.9 和表 10.3 可知，采用不同距离度量反演台风"安比（2018）"降水形态结构与 GPM 较为接近，说明本书采用正则化反问题反演降水方法可行。由 SSIM 分析得出基于"欧氏距离"能反演出台风"极端"强降水；由 Corr 分析得出基于"布洛克距离"反演降水与真实 GPM 降水相关性最大。不同度量距离也影响降水视场点判识。有些距离度量方法识别出某视场点为"降水"，而有些方法则识别出"非降水"。后期发展耦合降水"物理性"降水距离度量函数。

10.6　基于冰云先验信息的 FY-4A/AGRI 遥感定量化反演降水

10.6.1　基于云分类产品的 AGRI 红外通道亮温统计分析

对 2018 年 7 月 1 日 00 时至 31 日 23 时覆盖范围为 12°—38°N，110°—140°E 的区域进行统计分析。参考 AGRI 云分类产品，将视场点云分为水云、过冷云、混合云、冰云、卷云和重叠云六类（Min et al，2017）。不同云分类 AGRI 的 8 个红外通道亮温均值分布图及台风"玛莉亚"代表时次的 AGRI 云图分布见图 10.10。

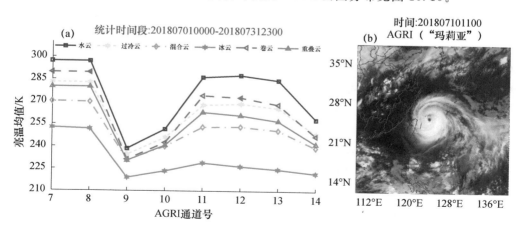

图 10.10　基于不同云分类产品的 AGRI 亮温统计分析（a）及代表时次云图（b）

由图 10.10 可知,AGRI 通道 7—14 在"水云"视场点亮温均值最大,在"冰云"视场点亮温均值最小。不同通道在不同云分类下亮温均值梯度均有变化,通道 9 亮温幅度变化较小。在不同云分类下,通道 7 和 8 亮温均值较接近,故本书仅使用通道 8—14 红外光谱通道亮温反演台风"安比(2018)"降水。

为分析哪种云类导致的降水,本书给出了 AGRI 云产品中云分类与 GPM 降水分布。GPM 降水、云分类及冰云分布见图 10.11。其中"2"代表"水云"、"3"代表"过冷云"、"4"代表"混合云"、"5"代表"冰云"、"6"代表"卷云"、"7"代表"重叠云"。

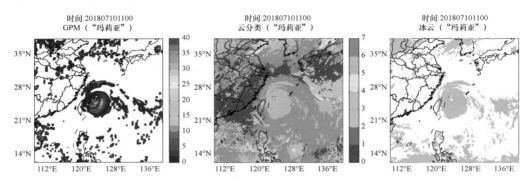

图 10.11　GPM 降水(mm)、云分类及冰云分布

由图 10.11 可知,AGRI 云产品中冰云与 GPM 降水视场点分布较为一致,可认为冰云主导了此时刻台风"安比(2018)"降水。下面章节将 AGRI 冰云产品作为先验信息耦合到模型用于识别降水视场点,以探索本书方法的可行性。

10.6.2　基于先验信息的 AGRI 亮温反演台风"安比(2018)"降水试验

极端梯度提升(eXtreme Gradient Boosting,XGBoost)是决策树顺序集成学习模型,已被广泛应用于总可降水量反演等研究(Lee et al,2019)。XGBoost 权重数据来自训练误差,以使模型更好地预测此类数据。该模型需对四个基本参数进行优化,包括树数目、树最大深度、树叶节点分区所需最小损失减少量和构造每棵树列采样率。该模型在减少计算时间方面较有效,且由于并行和分布式计算提供了对内存资源的最佳利用,能满足 FY-4A/AGRI 反演降水实时业务化。模型具体构建可参考随机森林法。

开展 AGRI 红外光谱通道亮温遥感定量化反演降水研究,共分为三步,第一步,构建 AGRI 红外光谱通道亮温(作为"自变量",模型输入量)和 GPM 降水(作为"因变量",模型输出量)字典,作为历史训练样本库;第二步,降水视场点识别;第三步,降水反演。分别采用 GPM 和冰云产品作为先验信息用于 K-最近邻、随机森林和 XGBoost 分类模型判识待反演视场点有无降水,"有降水"和"无降水"分别标记为"1"和"0"。在判断视场点有降水情况下,分别采用反问题法、随机森林和 XGBoost

回归模型反演降水。

　　以台风"安比(2018)"2018 年 7 月 10 日 21 时为例进行降水反演试验,并分析利用不同先验信息和方法对降水反演精度的影响。训练样本采用前一时次资料反演下一时次降水。AGRI 云图、"真值"GPM 降水和基于不同先验信息(记为"GPM"和"冰云产品")和不同反演方法(记为"反问题""随机森林"和"XGBoost")的 AGRI 反演台风"安比(2018)"降水结果见图 10.12 和表 10.4。

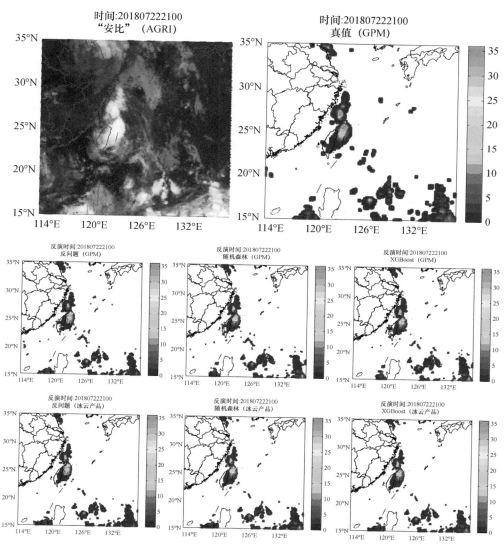

图 10.12　AGRI 云图、GPM、不同先验信息和方法反演降水分布(单位:mm)

表 10.4　不同先验信息和方法反演台风"安比（2018）"降水精度分析

先验信息	降水反演方法	Corr	SSIM	PSNR	POD	FAR	CSI
冰云产品	反问题	0.7353	0.9401	31.7658	0.9924	0.0043	0.9881
GPM	反问题	0.7348	0.9396	31.7480	0.9924	0.0046	0.9879
冰云产品	随机森林	0.8319	0.9554	33.6519	0.9944	0.0042	0.9903
GPM	随机森林	0.8348	0.9549	33.7201	0.9944	0.0044	0.9900
冰云产品	XGBoost	0.8183	0.9556	33.3405	0.9933	0.0030	0.9904
GPM	XGBoost	0.8150	0.9547	33.2731	0.9933	0.0034	0.9899

　　结合图 10.12 和表 10.4 可知，采用反问题反演台风"安比（2018）"降水，以冰云产品作为先验信息的降水反演精度优于 GPM。采用随机森林反演降水，GPM 作为先验信息的降水反演与真值相关性和 PSNR 值较大，但从 SSIM 度量值可得出基于冰云产品先验信息能反演出"极端"降水值。随机森林降水反演精度优于反问题，尤其在"极端"强降水中心。从降水反演整体效果来看，随机森林最好，其次为 XG-Boost，最后为反问题法。

10.7　算法改进：基于 L1-范数约束的 H8/AHI 红外光谱反演降水研究

10.7.1　基于 L1-范数的降水反演模型目标函数

　　在正则化反问题基础上，采用 L1-范数正则化约束求解原子系数 c，目标函数如下：

$$\begin{cases} \hat{\boldsymbol{c}} = \underset{c}{\arg\min} \dfrac{1}{2} \parallel \boldsymbol{y} - \boldsymbol{B}_s \boldsymbol{c} \parallel_2^2 + \lambda \parallel \boldsymbol{c} \parallel_1 \\ \boldsymbol{c} \geqslant 0, \mathbf{1}^{\mathrm{T}} \boldsymbol{c} = 1 \end{cases} \tag{10.7}$$

式中，L1-和 L2-范数分别定义为 $\parallel \boldsymbol{c} \parallel_1 = \sum\limits_i c_i$ 和 $\parallel \boldsymbol{c} \parallel_2^2 = \sum\limits_i c_i^2$，其他变量含义与前述正则化反问题类似。

　　因 L1-范数在原点不可微，此处降水反演模型为求解非光滑凸问题，由 Wang 等（2020）工作可知 L2-范数具有"光滑"作用，因此仅采用 L1-范数能反演出"极端"降水。

10.7.2　单视场点试验——H8/AHI 红外亮温反演降水算法分析

　　试验用的 H8/AHI 资料空间分辨率为 2 km，共有 10 个红外通道，中心波长分别为 3.89 μm、6.24 μm、6.94 μm、7.35 μm、8.59 μm、9.64 μm、10.41 μm、11.24 μm、12.38 μm 和 13.28 μm（王根等，2020b）。H8 数据来源于日本宇宙航空

开发机构(Japan Aerospace Exploration Agency,JAXA)官网。网址为:http://www.eorc.jaxa.jp/ptree/index.html。

本书 L1-范数反演降水算法依赖于 KNN 判断视场点(field of view,FOV)"有降水"和"无降水",分析 2019 年 10 月 12 日 06 时 3 个 FOVs 降水反演,其中 FOVs 分别为强降水视场点 FOV1(33.86°N,138.96°E),标记为红色"星号";有云但无降水视场点 FOV2(41.06°N,138.72°E),品红色"星号";无云无降水视场点 FOV3(24.00°N,147.00°E),黄色"星号"。字典样本选取时间为 2019 年 10 月 12 日 05 时,H8/AHI 资料空间下采样间隔为 3 个像素,约 6km。AHI 的 10.41 μm 通道云图和相应时刻 GPM 降水分布见图 10.13。

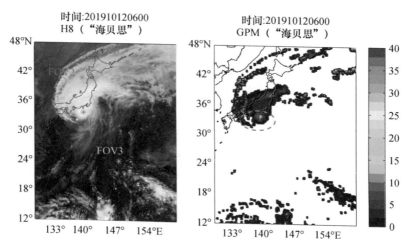

图 10.13　H8/AHI 的 10.41μm 云图(左)和 GPM 降水(mm)(右)分布

由图 10.13 可知,在"台风眼"附近 H8/AHI 通道 10.41 μm 云图呈现螺旋形状。

10.7.3　基于 KNN 法的 H8/AHI 红外亮温降水视场点识别

FOV1,FOV2 和 FOV3 采用 KNN 得到的 H8/AHI 通道 8—16 待反演亮温的"原子"组合(图 10.14 左)和对应降水(图 10.14 右)。图 10.14 中,$K_1 = 40$,$p = 0.5$;在判断视场点有无降水时,选取 100 个"原子";在卫星红外亮温反演降水时选用前 40 个"原子";粗黑线为 2019 年 10 月 12 日 06 时待反演降水视场点 AHI 通道 8—16 亮温;其他线为基于 2019 年 10 月 12 日 05 时字典样本采用 KNN 方法得到的最优"原子"亮温。

由图 10.14 可知,当视场点 FOV1 为"潜在"降水时,H8/AHI 通道 8—16 亮温较小;当视场点 FOV2 有云但无降水时,本个例中仅在第 85 个原子降水为 7.817 mm,其他均为 0.0 mm;当视场点 FOV3 无云无降水时,由 KNN 得到的最优组合中 100 个原子降水均为 0.0 mm,说明 KNN 算法具有一定的稳健性。

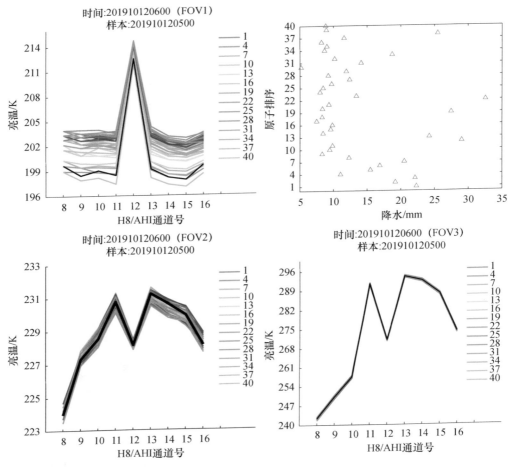

图 10.14　基于 KNN 方法的 H8/AHI 红外亮温有无降水信号识别分析

10.7.4　不同反演模型对原子系数和反演结果影响分析

选定 p 为 0.5，K_1 分别为 40 和 80 时视场点 FOV1 原子系数分布。其中"L1-"为本书方法反演结果，"SLLE"为 Ebtehaj 等(2015)方法反演结果。执行 SLLE 时不同通道对反演目标函数贡献率的界定参考 Wang 等(2020)使用的贝叶斯模型平均研究工作。使用 2019 年 10 月 12 日 05 时字典样本库反演 2019 年 10 月 12 日 06 时降水。KNN 邻域大小 K_1 和不同反演模型对"原子系数"和反演结果影响分析见图 10.15。

由图 10.15 可知，视场点 FOV1 降水值为 47.149 mm，GPM 降水值作为"真值"。因本书方法是将原子系数总和为 1 作为降水反演模型约束项，故原子个数的选取对不同反演方法影响不显著，L1-方法得到降水反演结果优于 Ebtehaj 等(2015)方法。

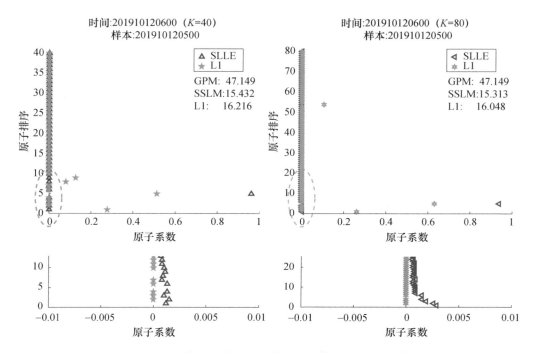

图 10.15　KNN 邻域大小和不同降水反演模型的"原子系数"分析

本节引入"极值"探讨 L1-范数方法对"极端"降水反演的优势。"极值"引入方法:将待反演时刻的"有降水"亮温和降水值分别加入"高斯扰动"后(王根等,2014b),与前一时刻样本组合形成字典库。如反演 2019 年 10 月 12 日 06 时降水,字典样本库使用 2019 年 10 月 12 日 05 时和 2019 年 10 月 12 日 06 时扰动资料。

需要说明的是,本书分析得到 2019 年 10 月 12 日 06 时视场点 FOV1 周边区域产生了强降水,在此时刻(在台风"海贝思(2019)"生命期间)之前均未产生强降水,故本书采用此方法构建样本字典库,仅为了说明 L1-范数方法能反演"极端"降水,且更依赖于样本库的构建。Sim 等(2018)研究工作也得出了其所提出的模型在很大程度上依赖于训练样本数据。

由图 10.16 可知,因样本库中有"极端"值存在时,L1-范数方法能反演出"极端"降水值,且接近"真值"。

10.7.5　高时间分辨率资料对降水"雨带"和"雨强"反演结果影响分析

基于 H8/AHI 红外亮温采用 L1-范数正则化约束反演 2019 年 10 月 12 日一天的降水。字典样本选取采用两种方式,一是采用 00:00 时次字典样本反演 01:00 时次降水,01:00 时次字典样本反演 02:00 时次降水,以此类推(标记为:"小时");二是采用 00:30 时次字典样本反演 01:00 时次降水,01:30 时次字典样本反演 02:00 时次降水,以此类推(标记为:"半小时")。

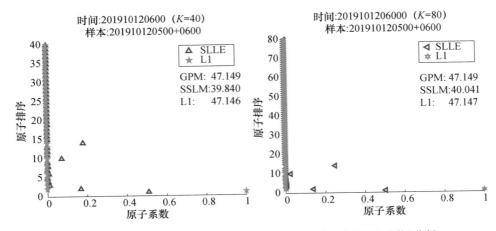

图 10.16 引入"极端"值后不同模型和 KNN 邻域大小"原子系数"分析

高时间分辨率资料对降水反演"雨带"影响分析。图 10.17 给出了基于 1 小时和半小时两种字典样本采用 L1-范数方法反演 01:00 时次的降水。分别给出 01:00 时次 AHI 的 10.41 μm 云图，不同样本和不同方法降水反演和"真实"降水分布。其中，"L1-"和"RF"分别表示"L1-范数"和随机森林"。

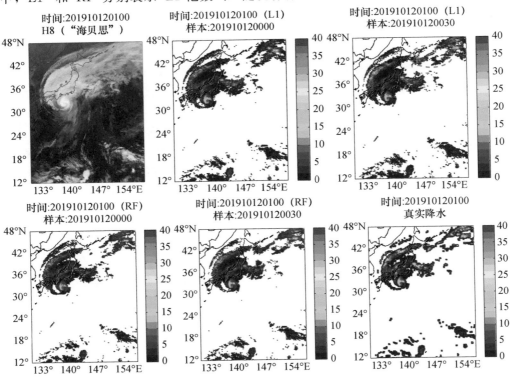

图 10.17 基于不同字典样本和不同反演方法的降水(mm)分析

由图 10.17 可知,基于 00:30 字典样本反演的 01:00 时降水能够反演出台风"雨带"(图中椭圆标记)。分析原因:与 00:00 时字典样本库相比,00:30 时样本库中存在此信息(图略),说明对于变化较快的云团降水的反演,高时间分辨率资料较为关键。

进一步给出反演时次 2019 年 10 月 12 日 01 时采用 L1-范数和随机森林 RF 的反演评估结果见表 10.5。

表 10.5　基于 L1 范数和随机森林的台风"海贝思(2019)"降水反演评估

	Corr	SSIM	PSNR	POD	FAR	CSI
L1-小时	0.67	0.8990	26.0851	0.9895	0.0173	0.9726
L1-半小时	0.72	0.9047	28.3785	0.9894	0.0156	0.9741
RF-小时	0.71	0.8918	23.9517	0.9905	0.0172	0.9737
RF-半小时	0.73	0.8951	25.8486	0.9904	0.0149	0.9758

由表 10.5 可知,L1-范数反演降水结果整体优于随机森林。样本字典越接近反演时次各项指标度量值越高。SSIM 可度量对象结构相似性,能度量出降水"极端"值。由 SSIM 可知 L1-范数在极端降水值反演优于随机森林。

高时间分辨率资料对降水反演"雨强"的影响分析。图 10.18 给出了基于两种字典样本采用 L1-范数反演 11:00 时降水,其他图说明与图 10.17 类似。

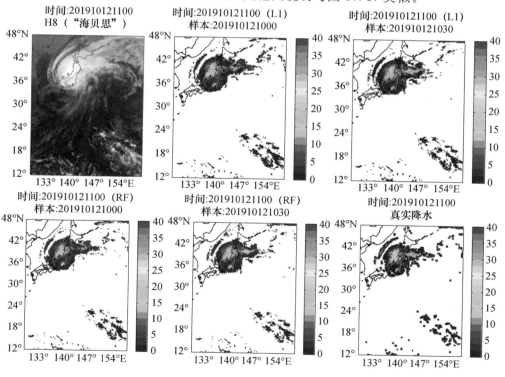

图 10.18　与图 10.17 类似,时次不同

由图 10.18 可知,基于 10:30 样本反演 11:00 时能够反演出"雨强"(图中椭圆标记),分析原因:与 10:00 相比,10:30 时样本库中存在此信息,说明字典样本中存在"极端"降水能够得到较好的反演结果,高时间分辨率资料比较关键。

进一步给出反演时次 2019 年 10 月 12 日 11 时采用 L1-范数和随机森林 RF 的反演评估结果见表 10.6,由表 10.6 可知,评估结论与表 10.5 相似。

表 10.6　与表 10.5 类似,时次不同

	Corr	SSIM	PSNR	POD	FAR	CSI
L1-小时	0.83	0.9350	30.6847	0.9933	0.0072	0.9862
L1-半小时	0.88	0.9433	31.7736	0.9941	0.0060	0.9882
RF-小时	0.82	0.9326	27.0428	0.9929	0.0075	0.9855
RF-半小时	0.87	0.9399	29.5800	0.9947	0.0057	0.9890

10.7.6　基于 H8/AHI 亮温反演台风"玛莉亚(2018)"降水初探

本书采用 H8/AHI 通道亮温反演 2018 年台风"玛莉亚"不同阶段的降水。2018 年 7 月 10 日 08 时和 16 时 AHI 通道 13 观测亮温、H8 反演降水和 GPM 降水分布见图 10.19。字典选用反演时次的前 2 个时次样本,并采用 BMA-Gamma 进行通道贡献率度量。

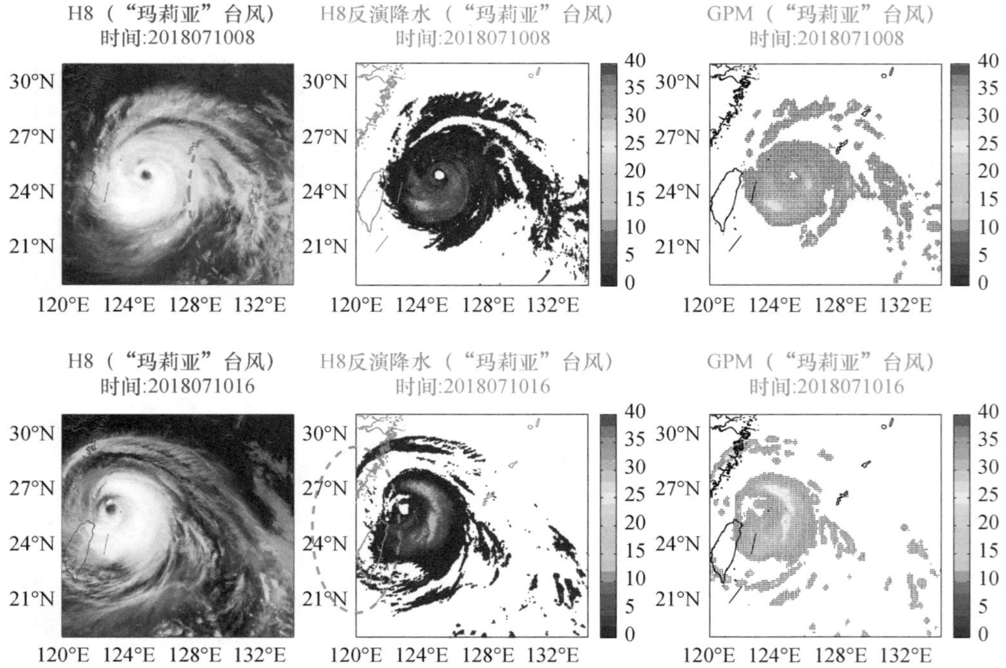

图 10.19　H8/AHI 通道亮温(左)、反演降水(mm)(中)和 GPM 降水(mm)(右)序列变化

由图 10.19 可知,采用本书算法得到的 H8/AHI 亮温反演降水与 GPM 降水较吻合,且能反演出台风中的螺旋云雨带(图 10.19 中红色"椭圆"标记)。

因本试验使用的 H8/AHI 资料时空分辨率高于 GPM 资料,从 H8 反演的台风降水能得到降水的整体形态结构和"纹理"信息。空间上,本书算法可辅助开展 GPM 资料"降尺度"研究(王根等,2017a),以增加"高频"信息,降尺度资料可用于水文等研究领域。时间上,H8 每 10 min 观测一次,GPM 每 30 min 一次数据,H8 可辅助开展 GPM 降水的时间插值,结果可用于分析台风等演变特征。

10.8　基于小波变换-卷积神经网络的卫星反演降水及降尺度

前面章节所采用的卫星反演降水是基于逐个视场点,不能同时考虑卫星资料时空特征,孤立地分析单个视场点会遗漏天气尺度和中尺度所包含的重要信息。降水具有"自身"形态结构,表现为时空依赖。在人工智能中基于时空信息预测的方法较多,如长短期记忆网络(long short-term memory,LSTM)、循环神经网络(recurrent neural networks,RNN)、U-Net 卷积神经网络、胶囊网络(capsule networks,CapsNets)等以及相关方法变体。

二维卷积神经网络(convolutional neural network,CNN)能分析和提取卫星亮温云图和降水图像中的"空间信息"。具体采用 2D-CNN 时,每个卷积层使用 3×3 内核和 2×2 最大池层。云图或降水的"时间信息"可作为"第三轴"加入到三维 CNN 卷积核中,作为时间维度。故对于 3D-CNN,卷积层和最大池层中的内核有一个额外维度,大小分别为 $3\times3\times3$ 和 $2\times2\times2$。3D-CNN 是通过将输入数据集聚合成 8 个连续图像组来训练。此集合代表了大气环境背景场等在此时间段内的演变信息,也即引入了"背景信息"。

CNN 依赖于"输入"和"输出"数据的空间分辨率,较粗空间尺度往往很难反演出降水场细微的"纹理结构"。小波变换(wavelet transform,WT)可在不同分解层次上揭示图像的上下文纹理信息,具有"多尺度"特性,可捕捉降水场的"全局拓扑结构"和"局部纹理细节"。其高频小波系数对应于纹理细节,约束低频小波系数则能保证全局拓扑结构具有较好的一致性。

基于小波变换-卷积神经网络的卫星反演降水及降尺度关键是定义模型损失函数。在使用人工智能开展降水反演时,一般采用梯度下降训练学习模型。梯度下降采用迭代方法,该迭代过程计算损失函数或模型误差的导数,并按照使损失最小化的方向更新模型参数,直到局部或全局最小,故需要损失函数可微。降水反演评估指标有较多,如常用的有击中率(probability of detection,POD)。本书进一步将评估指标作为损失函数的约束项,但如 POD 等指标为离散值、且不可微,故需要基于 POD 构建其近似的连续函数。

本书构建的基于小波变换-卷积神经网络的卫星反演降水损失函数定义为：

$$\min\{\lambda_1 \| loss \|_{wavelte} + \lambda_2 \| loss \|_{texture} + \lambda_3 \| loss \|_{MSE} + \lambda_4 \| loss \|_{POD\_improved}\}$$

式中，λ_1，λ_2，λ_3 和 λ_4 为约束参数，可通过正则化方法求解优化；$\| loss \|_{wavelte}$，$\| loss \|_{texture}$，$\| loss \|_{MSE}$ 和 $\| loss \|_{POD\_improved}$ 分别为小波回归、纹理、均方误差（mean squared error，MSE）和可微化 POD 损失函数。

将极小化问题中的原始图像空间变换到小波域完成小波回归损失和纹理损失函数的度量。在小波逆变换至图像空间中完成 MSE 和可微化 POD 损失函数度量。本书基于此方法得到的降水反演效果图略。

第11章　多源数据融合
——不连续资料三维/四维变分融合及降水应用

　　多源融合技术在提高水文-气象预测能力、气候和海洋系统建模等方面发挥了核心作用(王根等,2017b)。其基本思想是不断融入状态变量到物理状态中,随时间进行迭代通过变分融合系统减少状态变量不确定性。数据融合方法通常利用观测结果更新当前先验模型状态估计(背景场)进而产生统计意义上的"最优"后验状态(分析场),并用于预测下一个时间物理状态。目前已有数值天气预报中心已经或正在建立变分融合系统。虽然各中心在建立系统时设计方案各有不同,但原理上融合方案都要最小化一个平方型的评价函数(Ebtehaj et al,2014),即最小平方估计。最小平方估计对远离值非常敏感,即使仅有几个边远值,也会使最小平方估计结果完全脱离实际。将目前国际上通用融合方法记为"经典变分融合",常用方法分为两大类:一是群递归滤波方法,其本质是把随时间演化得到的统计特性融合到系统以追踪最优状态如卡尔曼滤波(Evensen,2009);二是变分法,如三维/四维变分(3DVar/4DVar),其本质是依靠模式优化所有可用观测资料(Law and Stuart,2012)。经典变分融合通常需要解决"光滑"优化问题,其解决方案是优化观测和背景与真值的差值估计的最小加权欧氏距离(张华等,2004),权重分别由背景和观测误差协方差矩阵给定。从估计理论出发,该问题等价于高斯噪声状态下最大似然估计(Ebtehaj et al,2012)。而经典3DVar/4DVar变分融合基于误差服从高斯分布,在极小化迭代涉及目标泛函梯度求解,若资料不连续则不可导,从而无法求解相应梯度,故理论要求所融合资料具有"连续性"。但实际上很多资料具有"不连续"性,从而引入了新问题,即如何进行资料"不连续"融合?

　　为解决此问题,本书在 Ebtehaj 等(2014)的研究基础上,显式将分析状态底层结构信息,即初始背景场作为正则项耦合到经典变分融合框架中。在理论分析算法可行基础上,开展理想和不连续多源降水资料融合试验。目前国内外关于多源降水资料融合主要分为"二源"(Shen,2014)和"三源"融合(潘旸等,2015)。"二源"融合研究较多的是融合 CMORPH 降水与地面站观测资料,采用概率密度匹配和最优插值方法。因最优插值数理理论要求资料具有连续性,且最优插值是基于全局二次曲面最优,易出现过度光滑一些"离群"但正确值,从而导致结果易出现负值,需进行后处理。"三源"融合,即融合地面—雷达—卫星反演资料。其具体思路为先订正雷达和卫星估测降水的系统误差,再采用贝叶斯融合方法将三者进行融合。

　　本书基于 Ebtehaj 等(2014)的研究成果得到新的变分融合法,为"不连续"(如降水、云和大气可降水量等一些"快变"量)融合奠定数理基础。该方法显式地包含"不连续"资料底层分析状态先验知识作为 L1-范数正则项,通过线性平流扩散方程进行理想试验。进一步将该思想用于 CMORPH 降水与地面站观测资料融合,以验证该方法是否能提高分析状态稳定性。同时引入正则化方法也为"连续"变量(如,气温、海洋表面温度等一些"慢变"量)融合提供了一定借鉴。

11.1 经典 3DVar/4DVar 变分融合理论分析

经典 3DVar/4DVar 变分融合方法核心为最小二乘法估计理论。区别于最优插值和卡尔曼滤波等方法,变分具有灵活性,主要体现在两个方面:(1)可以同时加入不同来源观测资料;(2)对目标代价函数可加入约束项如正则项。约束项可由拉格朗日乘子法加入到代价函数极小化迭代求得"数值解"或直接求"解析解"。

假设初始时间 t_0 未知真实状态是离散空间中每个包含 m 个元素列向量 $\boldsymbol{x}_0$,$\boldsymbol{x}_0 = [x_{0,1}, \cdots, x_{0,m}]^{\mathrm{T}} \in R^m$,在时间间隔 $[t_0, t_1, \cdots, t_k]$ 观测和随机误差分别表示为 $\boldsymbol{y}_i \in R^n$ 和 $\boldsymbol{v}_i$,$i = 1, \cdots, k$,其中 $n \ll m$。则观测与状态关系可表示为:

$$\boldsymbol{y}_i = H(\boldsymbol{x}_i) + \boldsymbol{v}_i \tag{11.1}$$

式中,$H: R^m \rightarrow R^n$ 表示通过非线性观测算子将状态空间映射到观测空间;$v_i \sim N(0, \boldsymbol{R}_i)$ 表示零均值和方差为 $\boldsymbol{R}_i$ 的高斯观测误差。

变分融合关键是针对不同观测资料构建不同观测算子。对于多源降水资料融合,观测算子 $H(\cdot)$ 可以假设为线性算子;而对于卫星辐射资料,该算子为辐射传输模式如 RTTOV。

3DVar/4DVar 变分融合归结为在初始时刻极小化以下目标泛函:

$$J_{3\mathrm{D},4\mathrm{D}*}(\boldsymbol{x}_0, \boldsymbol{x}_1, \cdots, \boldsymbol{x}_k) = \sum_{i=0}^{k} \left(\frac{1}{2} \parallel \boldsymbol{y}_i - H(\boldsymbol{x}_i) \parallel_{\boldsymbol{R}_i^{-1}}^2 \right) + \frac{1}{2} \parallel \boldsymbol{x}_0^b - \boldsymbol{x}_0 \parallel_{\boldsymbol{B}^{-1}}^2$$

$$\tag{11.2}$$

$$\boldsymbol{x}_i = M_{0,i}(\boldsymbol{x}_0) \quad (i = 0, 1, \cdots, k) \tag{11.3}$$

式中,$\boldsymbol{y}_i$ 为观测值;$\boldsymbol{y}_i \in R^n$;$\boldsymbol{x}_0^b \in R^m$ 和 $\boldsymbol{B} \in R^{m \times m}$ 分别表示背景状态和背景误差协方差矩阵;$\parallel \boldsymbol{x} \parallel_{\boldsymbol{A}}^2 = \boldsymbol{x}^{\mathrm{T}} \boldsymbol{A} \boldsymbol{x}$ 标记为二次范数,要求 $\boldsymbol{A}$ 是正定矩阵;函数 $M_{0,i}: R^m \rightarrow R^m$ 标记为从初始状态和 t_0 到 t_i 的非线性演变模型,当 $M = \boldsymbol{I}$($\boldsymbol{I}$ 为单位矩阵)时,此时为 3DVar;否则为 4DVar。在数值天气预报中 M 为预报模式,由一组复杂预报方程(偏微分方程)构成。经典变分融合目标是获得所谓最佳真实状态估计,即分析状态 $\boldsymbol{x}_0^a \in R^m$,从变分融合角度看,相当于最小化 2 个二次代价函数总和。

定义 $M_{0,i}$ 雅可比矩阵为 $\boldsymbol{M}_{0,i}$。通过求解演变模型线性化后的切线性模式伴随模式,即可得到相应雅可比矩阵。本书只考虑线性观测算子时 $H(\boldsymbol{x}_i) = \boldsymbol{H}\boldsymbol{x}_i$,则 4DVar 代价函数可以简化为下式:

$$J_{4\mathrm{D}}(\boldsymbol{x}_0) = \sum_{i=0}^{k} \left(\frac{1}{2} \parallel \boldsymbol{y}_i - \boldsymbol{H}\boldsymbol{M}_{0,i}\boldsymbol{x}_0 \parallel_{\boldsymbol{R}_i^{-1}}^2 \right) + \frac{1}{2} \parallel \boldsymbol{x}_0^b - \boldsymbol{x}_0 \parallel_{\boldsymbol{B}^{-1}}^2 \tag{11.4}$$

假设

$$\underline{y} = \left[\, y_0^{\mathrm{T}}, \cdots, y_k^{\mathrm{T}} \,\right]^{\mathrm{T}} \in R^N; N = n(k+1); \underline{H} = \left[\, (H M_{0,0})^{\mathrm{T}}, \cdots, (H M_{0,k})^{\mathrm{T}} \,\right]^{\mathrm{T}}$$

$$\underline{R} = \begin{bmatrix} R_0 & 0 & \cdots & 0 \\ 0 & R_1 & \ddots & \vdots \\ \vdots & \ddots & \ddots & 0 \\ 0 & \cdots & 0 & R_k \end{bmatrix}$$

则 4DVar 代价函数(11.4)式可进一步简化为极小化代价函数：

$$J_{4\mathrm{D}}(\boldsymbol{x}_0) = \frac{1}{2} \parallel \underline{y} - \underline{H} \boldsymbol{x}_0 \parallel_{\underline{R}^{-1}}^2 + \frac{1}{2} \parallel \boldsymbol{x}_0^{\mathrm{b}} - \boldsymbol{x}_0 \parallel_{B^{-1}}^2 \tag{11.5}$$

式(11.5)表示状态 $\boldsymbol{x}_0$ 的二次光滑函数，令导数为零，则可得到分析状态：

$$\boldsymbol{x}_0^{\mathrm{a}} = (\underline{H}^{\mathrm{T}} \underline{R}^{-1} \underline{H} + B^{-1})^{-1} (\underline{H}^{\mathrm{T}} \underline{R}^{-1} \underline{y} + B^{-1} \boldsymbol{x}_0^{\mathrm{b}}) \tag{11.6}$$

11.2　基于小波域的资料"不连续"变分融合理论分析

结合先验知识约束"状态变量"变分融合，在 4DVar 代价函数中加入正则化约束项，则有(Ebtehaj et al,2014；王根等,2017)：

$$\boldsymbol{x}_0^{\mathrm{a}} = \underset{\boldsymbol{x}_0}{\operatorname{argmin}} \{ J_{R4D}(\boldsymbol{x}_0) + \lambda \tau(\boldsymbol{x}_0) \} \tag{11.7}$$

其中

$$\tau(\boldsymbol{x}_0) = \sum_i^k (\boldsymbol{\Phi}_i \boldsymbol{x}_{0,i})^p = \parallel \boldsymbol{\Phi} \boldsymbol{x}_0 \parallel_p^p$$

本书将资料不连续性引入到 4DVar 模型中，$\boldsymbol{\Phi} \in R^{m \times m}$ 是"小波变换"，Lp 范数定义为 $\parallel x \parallel_p = \left(\sum | x_i |^p \right)^{1/p} (p > 0)$。

在公式(11.7)目标代价函数中，J 和 τ 分别表示光滑和非光滑凸函数。在经典 3DVar/4DVar 变分融合时可以忽略 τ 属性，但作为额外先验知识可用于提高融合结果准确性。目前国际上用于解决大规模非光滑凸函数优化问题主要有内点和近端加速梯度算法等。本书基于梯度投影算法迭代求解可得到：

$$\begin{cases} \boldsymbol{x}_0^{\mathrm{a}} = \underset{\boldsymbol{x}_0}{\operatorname{argmin}} \{ J_{R4D}(\boldsymbol{x}_0) \} \\ \parallel \boldsymbol{\Phi} \boldsymbol{x}_0 \parallel_p^p \leqslant c \end{cases} \tag{11.8}$$

式中，$c > 0$，通过约束 Lp 范数能得到更稳定解。基于拉格朗日乘子法公式(11.8)约束问题转化为求解无约束问题，则有：

$$\boldsymbol{x}_0^{\mathrm{a}} = \underset{\boldsymbol{x}_0}{\operatorname{argmin}} \left\{ \frac{1}{2} \parallel \underline{y} - \underline{H} \boldsymbol{x}_0 \parallel_{\underline{R}^{-1}}^2 + \frac{1}{2} \parallel \boldsymbol{x}_0^{\mathrm{b}} - \boldsymbol{x}_0 \parallel_{B^{-1}}^2 + \lambda \parallel \boldsymbol{\Phi} \boldsymbol{x}_0 \parallel_p^p \right\} \tag{11.9}$$

式中，λ 表示拉格朗日乘子，也称正则化参数，要求 λ 非负。当 $\lambda = 0$ 时，公式(11.9)表示为经典变分融合法。较小 λ 值能减小先验知识对融合结果影响，而较大 λ 值能引入更多先验知识，因此 λ 起着重要平衡作用，能同时保持足够地接近观测和背景状态。通常通过统计交叉验证获得 λ 参数值。

由于资料可能存在一些正确但可用"离群点",为保留这些点,基于 Wang and Zhang(2014)研究成果结合 Ebtehaj 等(2014)提出方法,将稳健 L1-范数耦合到 4DVar 作为目标泛函正则项,代替公式(11.9)中 Lp,则有:

$$\boldsymbol{x}_0^a = \underset{x_0}{\operatorname{argmin}} \left\{ \frac{1}{2} \parallel \underline{\boldsymbol{y}} - \boldsymbol{H} x_0 \parallel_{\underline{R}^{-1}}^2 + \frac{1}{2} \parallel \boldsymbol{x}_0^b - x_0 \parallel_{B^{-1}}^2 + \lambda \parallel \boldsymbol{\Phi} x_0 \parallel_1 \right\}$$

(11.10)

公式(11.10)记为"R4D"。由 L1-代价函数性质决定其较适合融合一些"快变"变量如降水等。L1-范数正则化 4DVar 目标泛函进一步定义为:

$$\begin{cases} \boldsymbol{x}_0^a = \underset{x_0}{\operatorname{argmin}} \{ \parallel \boldsymbol{\Phi} x_0 \parallel_1 \} \\ J_{R4D}(\boldsymbol{x}_0) \leqslant c \end{cases}$$

(11.11)

式中,$c>0$,此为求解带约束项范数极小化问题。平滑 L2-范数正则化($\lambda \parallel \boldsymbol{\Phi} x_0 \parallel_2^2$)导数空间,较适合连续和充分光滑"状态变量"如气温。对分段光滑状态变量或孤立奇异"突变点",在导数空间较适合使用 L1-范数正则化($\lambda \parallel \boldsymbol{\Phi} x_0 \parallel_1$),其能隐式地约束目标泛函并能防止在边缘和跳跃间断点产生额外平滑,即减弱了经典变分融合的"过度"拟合。

11.3　基于线性平流扩散方程"不连续"4DVar 变分融合理想试验

11.3.1　线性平流扩散方程及变分融合观测算子

平流扩散方程是一个抛物线偏微分方程,其本质上是无散度和忽略压力梯度的 Navier-Stocks 方程,定义为:

$$\begin{cases} \dfrac{\partial \boldsymbol{x}(s,t)}{\partial t} + a(s,t) \nabla \boldsymbol{x}(s,t) = \theta \nabla^2 \boldsymbol{x}(s,t) \\ \boldsymbol{x}(s,0) = \boldsymbol{x}_0(s) \end{cases}$$

(11.12)

式中,$a(s,t)$ 表示速度;$\theta \geqslant 0$ 表示黏性常数。简化线性形式(a 为常数)和非黏性($\theta=0$)方程常被用于资料同化和数据融合新算法数值模拟。基于线性平流扩散和叠加原理,式(11.12)在时间 t 解是通过卷积高斯核得到,即:

$$D(s,t) = (4\pi\theta t)^{-1/2} \exp\left(\frac{-\mid s \mid^2}{4\theta t} \right)$$

(11.13)

式中,标准偏差为 $\sqrt{2\theta t}$。线性幅度变化可通过克罗内克卷积初始条件得到。

此处离散平流扩散模型可表示为扩散系数($\boldsymbol{D}_{0,i}$)和初始空间线性变化幅度($\boldsymbol{A}_{0,i}$)乘积,$\boldsymbol{D}_{0,i}$ 表示托普利兹矩阵。试验预报方程表示为 $\boldsymbol{x}_i = \boldsymbol{M}_{0,i} \boldsymbol{x}_0$,可进一步将 $\boldsymbol{x}_i$ 表示为 $\boldsymbol{x}_i = \boldsymbol{A}_{0,i} \boldsymbol{D}_{0,i} \boldsymbol{x}_0$。

变分融合观测算子定义如下:

$$H = \frac{1}{8} \begin{bmatrix} 11111111 & 00000000 & \cdots & 00000000 \\ 00000000 & 11111111 & \cdots & 00000000 \\ \vdots & \vdots & \ddots & \vdots \\ 00000000 & 00000000 & \cdots & 11111111 \end{bmatrix} \in R^{n \times m} \qquad (11.14)$$

11.3.2　变分融合误差协方差和观测值介绍

观测和背景误差是资料变分融合重要组成部分,其决定了系统极小化迭代时的稳定性、解收敛性和分析场状态质量。对于观测误差 $\boldsymbol{R}$,仅考虑固定白噪声高斯分布,即 $\boldsymbol{R} = \sigma_r^2 \boldsymbol{I}$,其中,$v \sim N(0, \boldsymbol{R})$。

背景误差表示状态变量之间相关性,在资料变分融合时,作为背景状态对目标泛函权值。一阶自回归(auto-regressive,AR(1))高斯马尔可夫过程具有空间相关性的数学模型。将 AR 作为背景误差,并在 Gaspari 等研究基础上构建误差协方差模型。定义 AR(1)指数协方差函数为 $\rho(\theta) \propto e^{-\alpha|\theta|}$。其中 θ 表示时间或空间滞后,参数 α 决定变量间相关性衰变率,$1/\alpha$ 为特征相关长度。该协方差只是函数滞后大小相关。因离散背景误差协方差是一个埃尔米特矩阵,可以分解为一个标量标准差和相关矩阵乘积,即 $\boldsymbol{B} = \sigma_b^2 \boldsymbol{C}_b$。

本试验中令 $\sigma_b = 0.20$；$\sigma_r = 0.16$；$\boldsymbol{C}_b = \begin{bmatrix} \rho(0) & \rho(1) & \cdots & \rho(m) \\ \rho(1) & \rho(0) & \ddots & \vdots \\ \vdots & \ddots & \ddots & \rho(1) \\ \rho(m) & \cdots & \rho(1) & \rho(0) \end{bmatrix} \in R^{m \times m}$。

为验证本书使用 L1-范数正则化可行性,共设计了 2 组对比试验。"真实"状态分别为分段函数(piecewise function,PF)和二次函数(quadratic function,QF)。所有初始状态都假定在 R^{2048} 空间,$L = 2048$；平流扩散随时间演化黏度系数 $\theta = 4[L/T]$；速度 $a = 1[L/T]$。假定变分融合时间间隔介于 0 至 $T = 500[T]$ 之间,在此区间内每 $100[T]$ 步进行观测采样,见图 11.1。

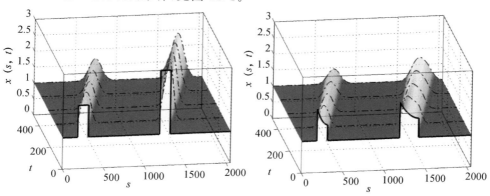

图 11.1　构建"真实状态"分段函数(左)和二次函数(右)

从图 11.1 可以看出,在构建"真实状态"中有较多点左右导数不相等,即在某点 x_0 有 $f'(x_0^+) \neq f'(x_0^-)$。

因变分融合分析必须包括背景场和实际观测值,且考虑到资料"不连续性",因此构建"真实状态"函数设为 x_0^t,加入随机扰动得到"背景状态" x_0^b,则有:

$$x_0^b = x_0^t + \sum_i \varepsilon_i \zeta_i^{\frac{1}{2}} L_i \tag{11.15}$$

式中,x_0^b 表示扰动后背景状态;x_0^t 表示真实状态;L_i 和 ζ_i 分别表示背景误差协方差矩阵 B 特征向量和特征值;ε_i 表示均值为 0、方差为 1 高斯随机数。

采用观测算子 $H(\cdot)$ 和平流扩散方程 $M(\cdot)$ 对"真实状态"计算得到"真实观测值",在此基础上加入随机扰动后得到值作为实际观测值,即:

$$y = H(M(x_0^t)) + \varepsilon_o R^{1/2} \tag{11.16}$$

式中,y 表示扰动后观测值,即为实际观测值 y_0^o;$H(M(x_0^t))$ 表示真实观测值;ε_o 表示高斯随机误差;R 表示观测误差。

11.4 "不连续"资料变分融合理想试验

利用 4DVar 和 R4D-Var 两种方法对 2 组独立个例变分融合效果试验,结果见图 11.2。图 11.2 中,"4DVar"和"R4D-Var"分别表示"经典变分融合法"和经典变分融合耦合 L1-范数正则项得到的融合结果。

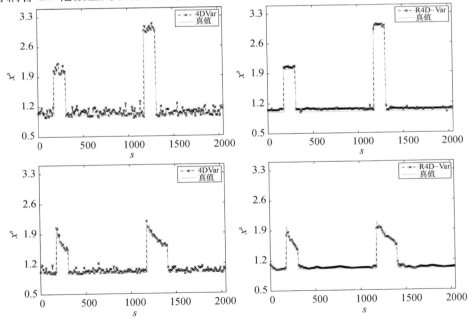

图 11.2 经典变分融合和耦合 L1-范数正则化的融合效果对比分析

由图 11.2 可知,耦合 L1-范数正则项(R4D-Var)融合效果显著优于经典变分(4DVar)融合方法,尤其对于一些不连续点融合。其原因有:(1)在正则项中分析误差被"适当"地抑制和过滤,初始状态特征被"较好"地保留;(2)经典 4DVar 一般"吻合"和遵循背景状态而不是提取真实状态;(3)经典 4DVar 在处理白噪声误差协方差时具有较弱过滤效果,存在冗余信息导致过度拟合;(4)经典 4DVar 基于二次泛函易造成一些"拐点"平滑(拐点即为左右导数不相等点)。

表 11.1　经典变分和耦合 L1-范数正则化融合的 MSE_r,MAE_r 和 $BIAS_r$ 对比分析

	MSE_r		MAE_r		$BIAS_r$	
	R4D-Var	4DVar	R4D-Var	4DVar	R4D-Var	4DVar
PF	0.0591	0.0617	0.0613	0.0848	0.0687	0.0637
QF	0.0373	0.0426	0.0322	0.0513	0.0392	0.0363

表 11.1 基于一些传统"保真度"度量指标可知 R4D-Var 方法整体优于经典 4DVar。综合图 11.2 和表 11.1 结果可以看出,R4D-Var 方法可行,为不连续资料融合奠定了一定理论基础。

11.5　不同正则化参数值 λ 对融合场影响分析

基于不同正则化参数值 $\lambda(\lambda=0.025,0.1,0.2,0.3,0.4,0.5,0.6,0.7,0.8,0.9,1.0)$ 分别给出了分段函数(PF)和二次函数(QF)统计 100 个独立样本结果,见图 11.3。

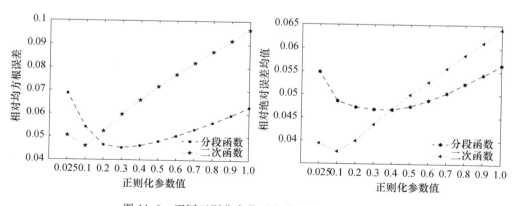

图 11.3　不同正则化参数对变分融合结果影响分析

从图 11.3 中相对均方根误差和相对绝对误差均值可以看出随着正则化参数的变大,此为二次函数,存在极小点,也为"最优解"。但需根据不同例子分别进行讨论,后期探讨将"L1-曲线""伴随"深度学习方法用于正则化参数优化研究。

11.6 基于"不连续"变分融合的多源降水资料融合试验

由于降水资料具有"不连续"和"非高斯"性,本书仅给出降水资料"不连续"变分融合研究结果。

11.6.1 CMORPH 降水资料订正及试验

选取 2011 年 5 月 1 日至 9 月 30 日的 CMORPH 和安徽省 81 个国家站观测小时降水为试验数据。CMORPH 反演降水资料从网站直接下载(网站:ftp://ftp. cpc. ncep. noaa. gov/precip/global _CMORPH/30min_8km),并累加成逐时降水后使用 8 km 经纬度网格降水场。因 CMORPH 降水资料具有系统偏差,在资料融合前通过 GAMMA 函数拟合的概率密度匹配 PDF 方法进行偏差订正。

砀山站 CMORPH 和雨量计匹配图见图 11.4 左;横坐标表示降水量阈值(单位:mm/h)。81 个站累积概率在 0.99 时的偏差(单位:mm)见图 11.4 右。此处偏差定义为雨量计减去 CMORPH 值。

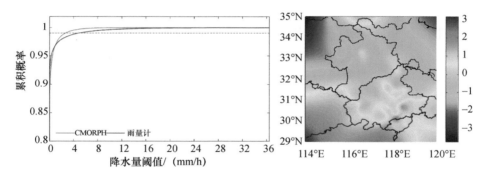

图 11.4 CMORPH 和雨量计累积概率匹配(左);CMORPH 对应的国家站偏差值(右)

以砀山站为例,给出订正过程:第一步,给定累积概率值如 0.99(图中灰色虚线),找到红线 CMORPH 相应累积概率值 0.99 对应的降水量 2.65 mm/h;第二步,由 0.99 找到蓝线对应的 CMORPH 值降水量值 4.85 mm/h。此时订正量为 2.2 mm/h。

由图 11.4 右可知,安徽南部地区 CMORPH 值偏小,尤其黄山(30.144°N,118.16°E)地区,安徽北部 CMORPH 值偏大,安徽中部相当。其原因与 CMORPH 得到面降水量有关,也可能与安徽每年发生的台风雨和梅雨等降水有关。从气候诊断出发,安徽南部偏湿易发生洪涝,安徽北部偏干易发生干旱,安徽中部处的方差变化较小,也说明 CMORPH 资料具有较好的适用性。

11.6.2 多源降水资料不连续变分融合试验

对比分析经典 3DVar 和 R3D-Var 变分融合多源降水效果。此时 R3D-Var 为当

$M=I$ 时的 R4D-Var。区域融合站点分布(不同颜色代表站点海拔高度,颜色越暖则海拔越高)、雨量计观测值(单位:mm/h)分布、CMORPH 反演降水值(单位:mm/h)和 R3D-Var 不同正则化参数(λ)得到融合场结果见图 11.5。此处参考场为国家气象信息中心融合产品,其为 CMORPH 和地面雨量计观测资料二源融合产品(Shen et al,2014)。在操作过程中把分辨率 0.1°×0.1° 的参考场插值到 CMORPH 和融合场的分辨率,即 0.0625°×0.0625°。"红色"和"橙色"方框分别表示"区域 2"和"区域 1"。

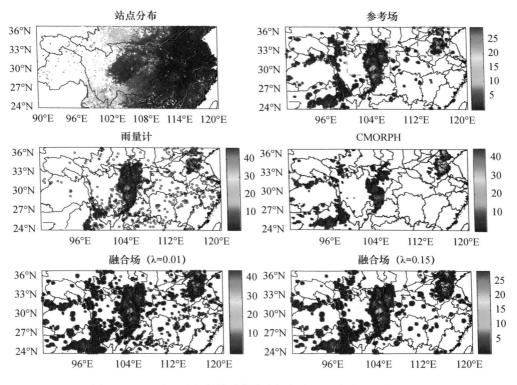

图 11.5　不同正则化参数融合降水场与参考场降水分布结构对比

由图 11.5 可知,雨量计观测给出了单个站降水分布情况,无法把握降水空间分布结构;CMORPH 降水资料由卫星红外等资料反演得到,能把握降水场空间结构。CMORPH 反演降水和地面雨量计观测值降水值量级相当,与 R3D-Var 融合结果有较好一致性,且与参考场形态接近。参考场量级偏小,与所使用融合方法(最优插值)有关。区别于参考场更"信赖"地面观测,R3D-Var 则较多依赖于背景场 CMORPH 资料,且随着正则参数 λ 变大,融合降水场与参考场量级更接近,并逐步把背景场信息融入到融合场,能把握背景场结构分布特征。

选取 28°—34°N,104°—107°E 和 32°—38°N,116°—119°E 2 个区域分析正则化参数 λ 值变化对融合结果的影响见图 10.6。其中 λ 值分别为 0.01、0.02、0.04、0.06、0.08、

0.1、0.15 和 0.18。图 10.6 中标记"融合场和 CMORPH"和"融合场和参考场"为 R3D-Var 得到的融合场分别与 CMORPH 和参考场的结构相似性,横坐标中"参考场"表示参考场与 CMORPH 的结构相似性(虚线),该值作为比较的"准则"。

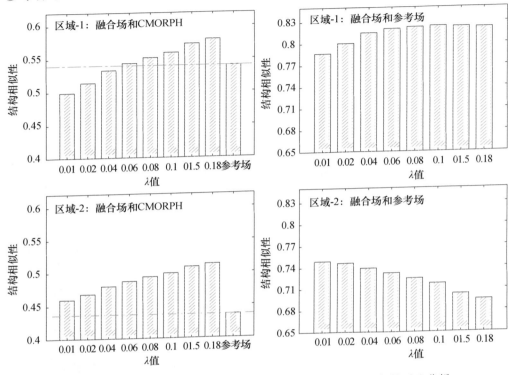

图 11.6　参数不同值融合场与参考场和 CMORPH 的结构相似性对比分析

由图 11.6 可知,区域 1 参考场与 CMORPH 反演降水资料结构相似性为 0.540。随着正则化参数 λ 值增大,结果与 CMORPH 和参考场的结构相似性值也越来越大,达到 0.8,说明该方法与参考场具有较好相似性。区域 2 参考场与 CMORPH 资料结构相似性为 0.436。随着正则化参数变大,融合场与 CMORPH 结构相似性越来越大,说明正则项能通过 λ 变化逐渐把背景场信息引入到融合模型中,随着 λ 变大,与参考场结构相似性逐渐变小。结合图 11.5 分析可知,区域 2 融合降水场具有较好连续性,有一条明显"雨带",而参考场雨带呈现了断裂,说明该方法能把降水场结构信息融入到模型中。

针对降水资料非高斯和不连续性融合的难题,尤其是 0 值处理,小波域稀疏性正则化变分融合有望能解决此难点。经典变分融合一般调用有限内存(limited-memory BFGS,L-BFGS)极小化算法进行求解。当目标泛函非光滑时,解决大规模非光滑凸函数优化问题的内点算法、近端加速梯度方法和梯度投影等算法具有较好应用前景。

11.7　卫星降水量估算降尺度及超分辨率重建

卫星降水量估算(satellite precipitation estimates, SPEs)在生态环境和水文气象为导向等项目及各种应用中得到了广泛应用。然而,当应用于小流域或小区域时,SPEs 的空间分辨率过于粗糙。降水场降尺度本质是提高观测或模拟降水场分辨率,并适当增加其细节或"高频"信息(王根等,2017a)。本书采用三种方法进行降尺度,分别介绍如下。

11.7.1　基于不适定反问题求解的降水降尺度试验

基于降水自相似结构性质,将不适定数学反问题求解法用于 SPEs 降尺度。在求解降尺度不适定反问题时,根据不同风暴环境的小规模组织内降水特征往往会重复出现性质,通过训练得到高、低分辨率降水场,形成相应"完备字典",基于正交匹配追踪贪婪法重构高分辨率降尺度的降水场(Ebtehaj et al,2012;王根等,2017a)。

以 2013 年 7 月 28 日 02 时国家气象信息中心多源降水融合产品为例,给出重采样频次 $s=8$ 降尺度情况,见图 11.7。其中,原始真实场,即为高分辨率降水图像;"平滑+重采样($s=8$)"为对原始图像平滑和重采样后得到的低分辨率图像;降尺度场为对低分辨率图像降尺度得到的高分辨率重构图像。

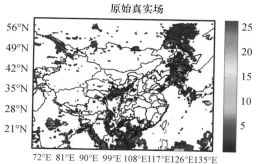

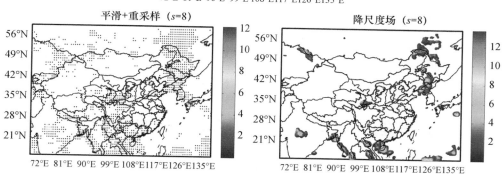

图 11.7　原始真实场,基于平滑耦合重采样降尺度前和后降水分布(单位:mm/h)

由图 11.7 可知,经过降尺度后重构的高分辨率降水场图像纹理信息更清晰,内间结构更明显,降水强度和落区更显著,对天气预报的指导更具有针对性。因对原始场进行了相应平滑,降尺度场图像的量值与原始真实场图像相比偏小。

11.7.2 基于双线性插值残差订正法的降水降尺度试验

在前面章节介绍的"基于随机森林的 FY-4A/AGRI 红外亮温反演降水"基础上,采用 Sharifi 等(2019)的双线性插值残差订正方法进行降水反演场降尺度。在 GPM 空间分辨率基础上,插值 GPM 和 AGRI 降水"残差场"。在 AGRI 空间分辨率基础上,将插值后的残差场叠加到反演场,重建高精度降水场。图 11.8 给出了高分辨率下残差场和基于随机森林经过残差订正后的高精度降水反演场分布。

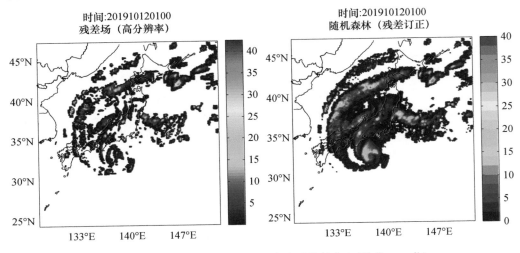

图 11.8　高分辨残差场和高精度降水反演场分布(单位:mm/h)

由图 11.8 可知,重构高精度降水场与 GPM 较接近(图略),且相关性和结构相似性分别为 0.9961 和 0.9966。

11.7.3 基于多源数据融合的降水降尺度试验

可采用将卫星红外资料反演降水场与 GPM 和自动站观测降水进行多尺度变分融合以增加其"高频信息"或"纹理结构"(图略)。降水场降尺度也可采用图像超分辨 SRCNN (Super-Resolution Convolutional Neural Network)方法及变体实现。

11.8　算法推广:GNSS/PWV 和 GDAS/PWV 资料融合试验

试验数据包括两类,一是作为背景场计算大气可降水量(precipitable water vapor,PWV)的 GDAS(global data assimilation system)资料,GDAS 资料从威斯康星

大学网站下载,每天 4 个时次。二是作为变分融合观测资料的 GNSS/PWV 资料来自国家大气探测中心,选取安徽省 13 个观测站点资料。

选取 2014 年 6 月 30 日 06 时 GDAS 资料(分辨率为 0.0625°×0.0625°)计算得到的 GDAS/PWV 作为融合的背景场。相应时次的 GNSS/PWV 资料记为"观测资料"。此处背景场、观测和不同正则化参数值($\lambda = 0.01, 1.2$)的"融合场增量"见图 11.9。此处融合场增量定义为融合场与背景场之差。

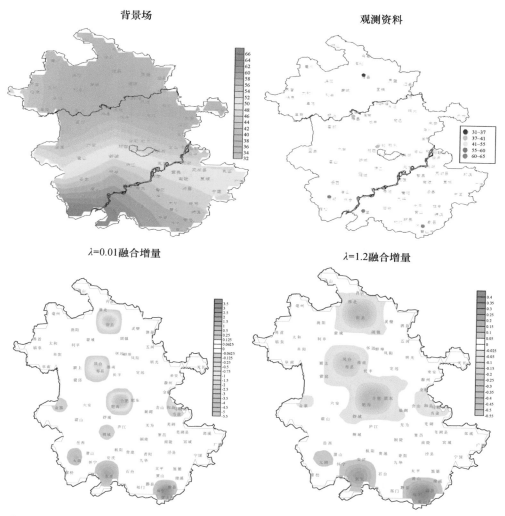

图 11.9　基于不同正则化参数变分融合 GNSS/PWV 和 GDAS/PWV 结果分析(单位:mm)

由图 11.9 可知,13 个 GNSS 站资料,此时次有 4 个站点资料缺测,因此试验仅融合了 9 个站点的 GNSS/PWV 资料,其中 7 个站周边融合增量有一定的幅度变化。"金寨"和"桐城"的观测与背景场值较接近,说明该方法能对此 9 个站进行有效融合。

不在此 9 个站点附近视场点融合增量幅度为 0,说明此次融合没有产生"虚假"遥相关信息。随着正则化参数值 λ 变大,逐步引入了背景场信息,融合增量幅度逐渐变小。当 λ=0.01 时,此时的增量值较大,此时观测值对变分融合目标泛函起主导作用;而当 λ=1.2 时,融合增量值的变化幅度较小,此时背景场起主导作用,融合了更多背景场结构信息。关于本书融合方法和结果合理性分析,后期深入研究。

11.9　算法推广:基于多源信息融合研究——局部强对流降水个例分析

2015 年 6 月 2 日安徽省局部强对流降水天气作为个例分析研究多源信息融合。首先进行高光谱 AIRS 反演安徽区域大气参数(有效位能、可降水量和云参数等)。因 AIRS 搭载在极轨卫星上,每天只有 2 个时次观测到此区域,且卫星经过时间段可能未观测到此次强降水过程,本书作为前期基础研究,后期可将本书成果应用到静止卫星高光谱(如 FY-4 高光谱 GIIRS)。进一步基于局地分析预报系统(Local Analysis and Prediction System,LAPS)(张涛,2013)融合了地面、雷达、背景场 GFS 资料和静止气象卫星 FY-2E 资料,得到三维云量产品。LAPS 为开源模式,网址:http://laps.noaa.gov/software/restrct/。

11.9.1　局部强对流天气指数及云参数反演

需说明的是本研究采用的高光谱 AIRS 亮温反演温度、湿度廓线等程序核心代码来自于威斯康星大学 http://cimss.ssec.wisc.edu/cspp/官方网站。

图 11.10 给出了高光谱 AIRS 反演包含安徽区域("景")的大气和云等参数分布,时间为 2015 年 6 月 2 日。图 11.10 中,"Temperature"表示"温度(单位:K)";"Date"表示"时间";"Latitude"表示"纬度";"CAPE"表示"对流有效位能";"Effective Cloud Emissivity"表示"有效云发射率";"Cloud Top Pressure"表示"云顶气压";"Cloud Top Temperature"表示"云顶温度(单位:K)";"Cloud Optical Thickness"表示"云光学厚度";"Cloud mask"表示"云膜";"CO_2 amount"表示"二氧化碳含量(单位:ppmv)";"PWV"表示"大气可降水量(单位:cm)";"Surface Skin Temperature"表示"地表温度";"Ozone"表示"臭氧含量(单位:ppmv)"。

11.9.2　基于 LAPS/STMAS 的多源数据融合产品分析

LAPS 融合地面、雷达、背景场 GFS 资料和 FY-2E 卫星资料信息得到的三维云量信息及地面自动站降水观测资料分布见图 11.11。图 11.11 中,"3D radar reflectivity"表示"三维雷达反射率(单位:dBZ)";"LAPS cloud cover"表示"LAPS 云覆盖";"IR channel 3(6.7 μm) b-temp:averaged"表示"红外通道 3(波长 6.7 μm)平均亮温";"degrees Kelvin"表示"亮温单位 K";"IR channel 4(11.2 μm)b-temp:aver-

aged"表示"红外通道 4（波长 11.2 μm）平均亮温"；"Cloud analysis"表示"云分析"；
"Pressure"表示"气压（单位：hPa）"；"Time"表示"时间"；"Rain gauge"表示"雨量
计"；"Latitude(Longitude：118E)"表示"经度在 118°E 的纬度剖面"；"Precipitation"
表示"降水量（单位：mm）"。

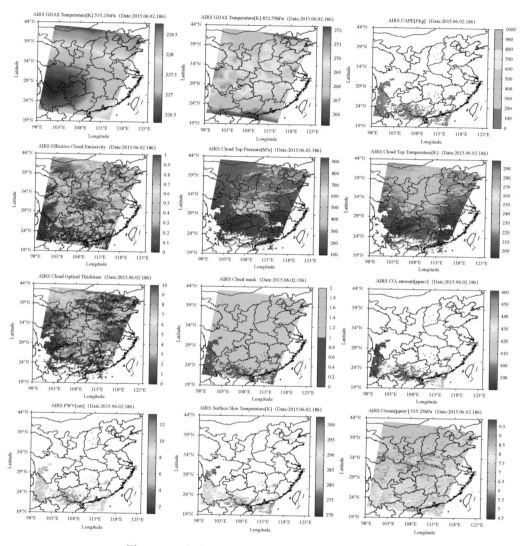

图 11.10　高光谱 AIRS 反演大气和云等参数分布

　　由图 11.11 可知，降水较强、云发展对应地区的云顶高度被提高，但是云顶、三维
云缺乏连续性。从突起的云团周边能分析出云顶中心部位高度没有被正确判断，真
正降水较强地区云顶高度没有订正到位，初步分析原因可能与融合算法中的云分析
算法需进一步改进或采用 1 h 累计降水量进行分析有关。

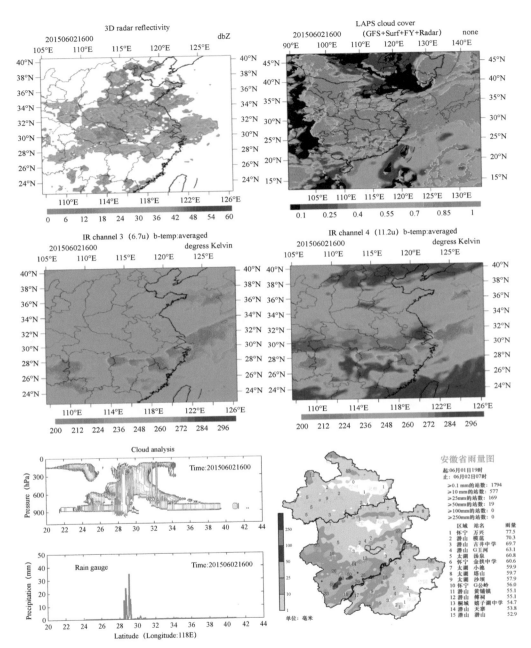

图 11.11　基于 LAPS 多源数据融合云量产品与自动站降水分析

第12章 基于去偏移场和背景约束的台风主导云系识别与预报

　　气象卫星云图不仅在实时客观分析和监测识别等领域发挥重要作用,也是辅助预报员开展预报业务的关键信息源,同时对暴雨和台风等具有发生发展快、移动迅速、破坏性强的灾害性天气也能较好监测。静止气象卫星能提供大范围、全天候卫星云图信息,可把握台风云系变化和移动趋势,实现对主导云系实时追踪和预警(Wang et al,2019)。基于图像处理和模式识别等方法利用卫星云图分割识别出台风云系,能避免传统人工目视判读确定台风中心位置的不确定性,为台风防灾和减灾决策提供依据。

　　国内外学者对卫星云图识别追踪技术已开展了许多富有成效的研究。台风云系识别主要方法有基于云图像素、区域、上下文关联、纹理分析和阈值法等(Brad and Popovici,2010)。Zhang 等(2008)提出单阈值算法,使用离散轮廓变换增强对比度,但阈值法存在局限性,无法利用图像局部信息。Ameur 等(2004)提出了纹理结构法,使用和差直方图得到卫星图像各方向纹理参数,并在此基础上采用 Karhunen-Loeve 变换和 K 均值算法进行图像分类。Berendes 等(2008)利用标准差有限自适应聚类法对日间卫星图像中对流云进行识别和分类。Mukherjee 等(2002)采用模糊 C 均值聚类(fuzzy C-means,FCM)法基于保边界形态学算子构造尺度图像,并在尺度图像空间中分割云系。Mohamed 等(2002)针对传统标准 FCM 法对"离群值"的敏感,引入邻域信息,耦合去偏差场的 FCM 方法实现了 MRI 图像分割。王根等(2010)构建了基于区域信息各向异性梯度矢量流模型,将 FCM 聚类信息和图像结构张量信息融入到 GVF 模型中,降低了弱边界和噪声影响,得到了较好分割效果。Wei 等(2009)为提取热带气旋云系结构,推广了多相态 Chan-Vese 模型,对多通道云图进行分割,取得了较好效果;王伟等(2014)基于 FCM、交叉相关法和三次样条插值法实现了对流云团识别及动态追踪;Bibin(2018)等针对卫星图像噪声、部分信息丢失、图像分辨率低等问题,提出了客观测量和数值天气预报模型协同法,实现了热带气旋中心目标识别与追踪。Bibin(2018)滤波不同阶段图像和流场,去除了季节变化和配准不当所产生的噪声,解决了"热带气旋的卫星图像直方图存在非零偏移场"问题。

　　目前临近预报主要方法有交叉相关法、单体质心法和光流法及其变体(Liu et al,2015)。标准光流法是由 Horn 和 Schunck(1981)提出的全局约束求解方法(简称 HS 方法)。Lucas-Kanade(1981)在 Horn 和 Schunck 基础上提出了局部约束求解方法(简称 LK 方法)。已有研究结果表明,对于变化较快的降水天气过程,光流法预报优势较显著。

针对台风云系复杂性和多变性(生、消和变化)等特点,本书基于多时间和多空间背景信息改进标准光流法,首先采用局部约束去偏移场 FCM 法进行台风云系识别;其次基于背景场约束光流法耦合半拉格朗日进行台风云系预报;最后将此方法应用于 FY-4 卫星 AGRI 10.8 μm 通道云图,并以台风"玛莉亚(2018)"为例开展识别与预报试验。

12.1　模式识别与图像处理
——基于各向异性 GVF 模型的心脏 MR 图像分割识别

为克服传统梯度向量流(gradient vector flow,GVF)模型对细长"拓扑"结构、噪声及弱边界敏感缺陷,王根等(2010)提出了一种基于区域信息各向异性 GVF 模型。该模型首先由 FCM 得到聚类信息并融入到 GVF 模型中,降低了弱边界和噪声影响;其次利用图像结构信息改进 GVF 模型,使其具有各向异性,克服了细长拓扑结构影响。最后将得到的各向异性 GVF 模型融入到 snake 方程中,引导曲线演化,得到目标边界。实验表明该模型具有较好分割识别结果。该算法不仅可以用于 FY-4A/AGRI 云图台风和对流主导云系识别,也可用于卫星遥感监测水体洪涝,以服务于防汛救灾。

图 12.1 是心脏左心室 MR 图像真实、初始轮廓线、GVF 方法和 GVF 方法改进后识别结果,大小为 110×110,该目标区域内分布有噪声,内壁上部存在伪影干扰,右上部乳突肌凹陷处具有弱边界。

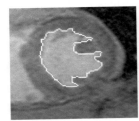 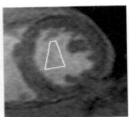 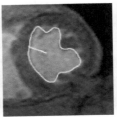 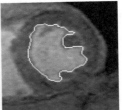

真实分割图　　　　初始轮廓线　　　　GVF方法结果　　　　本书方法结果

图 12.1　心脏左心室 MR 图像分割识别结果

由图 12.1 可知,加入了图像结构信息,采用了各向异性扩散方法,保留了更多角点信息,能更好地引导 snake 线进入深度凹陷区域,使得 snake 线收敛到真正弱边界。

进一步分析不同方法在感兴趣区域的梯度扩散场分布见图 12.2。

由图 12.2 右扩散场可知,在中间 H 点有大量的噪声。从分割图可以看出,最终分割线部分收敛于 H 噪声点,G 和 F 是伪影。该方法融入了结构信息梯度场,相对于 GVF,能有效去除噪声和伪影影响,且保留了 A,B,C,D 和 E 处更多角点信息,最终得到较理想的分割识别结果。

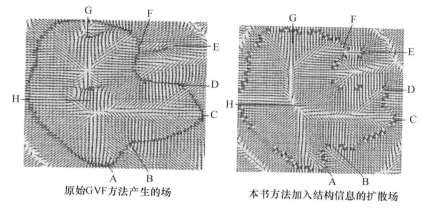

原始GVF方法产生的场　　　　本书方法加入结构信息的扩散场

图 12.2　不同方法对应的感兴趣区域扩散场

12.2　基于局部约束去偏移场模糊 C 均值主导云系识别

标准 FCM 聚类的主要缺点是目标函数不考虑任何空间关系,对噪声和离群值敏感,导致噪声像素由于其异常特征被错误分类(王根等,2010)。作者基于 Mohamed 等(2002)方法,创新地将"偏移场"的概念用于了卫星云图,得到了较好的识别效果,在估计偏移场同时考虑每个像素点邻域信息。

$$y_j = x_j + \beta_j, \forall j \in \{1,2,\cdots,n\} \tag{12.1}$$

式中,x_j 和 y_j 分别表示第 j 个像素真实和观测值;β_j 表示第 j 个像素偏移场。

改进后的基于局部约束去偏移场 FCM 定义为:

$$J_m = \sum_{i=1}^{c}\sum_{j=1}^{n} u_{ij}^m \parallel y_j - \beta_j - v_i \parallel^2 + \frac{\alpha}{N_R}\sum_{i=1}^{c}\sum_{j=1}^{n} u_{ij}^m \Big(\sum_{y_r \in N_j} \parallel y_r - \beta_r - v_i \parallel^2\Big)$$

$$\tag{12.2}$$

约束条件为:

$$\sum_{i=1}^{c} u_{ij} = 1 \quad (1 \leqslant j \leqslant n) \tag{12.3}$$

式中,v_i 表示第 i 个聚类中心;N_j 表示 y_j 邻域像素点集合;y_r 表示此集合中的元素;β_r 表示相应元素偏移场;N_R 表示 N_j 基数;c 表示类别个数;n 表示特征向量个数;u_{ij} 表示第 j 个元素属于第 i 类隶属度;m 表示模糊度指标;参数 α 控制邻域像素点对中心像素点贡献率。

根据拉格朗日求极值方法可求得模糊隶属度 u_{ij}、聚类中心 v_i 和偏移场 β_j(Mohamed et al,2002;Wang et al,2019)。

12.3　基于背景约束光流法耦合半拉格朗日预报

本书在标准光流法基础上,引入金字塔分层技术,以减小因云团移速较快造成的误差,同时引入背景信息优化光流场半拉格朗日非线性外推,同时考虑云形态变化,以提高光流法预报精度。

光流法是对两幅连续图像像素值(灰度值或亮温等)时间和空间求导得到的运动场(Liu et al,2015),数学约束方程定义如下:

$$\mathrm{d}I/\mathrm{d}t = I_x u + I_y v + I_t \tag{12.4}$$

式中,$I(x,y,t)$ 表示 t 时刻视场点 $Z=Z(x,y)$ 亮温;u 和 v 分别表示东西(x 轴)和南北(y 轴)方向流场分量;I_x,I_y 和 I_t 分别表示亮温关于 x,y 和 t 偏导数;$\mathrm{d}I/\mathrm{d}t$ 表示观测亮温在视场点上变化幅度。

为解决(12.4)式中两个未知数 u 和 v 一个约束方程不适定问题,Horn 和 Schunck 将光流约束定义为全局变分问题(简称 HS 方法)(1981)并极小化代价函数(12.5)式求解。标准 HS 光流法求解定义如下:

$$J = \iint [I_t + I_x u + I_y v]^2 \mathrm{d}x\mathrm{d}y + \gamma \times \iint (|\nabla u|^2 + |\nabla v|^2)\mathrm{d}x\mathrm{d}y \tag{12.5}$$

式中,γ 表示可调参数,以优化平滑项 $\iint (|\nabla u|^2 + |\nabla v|^2)\mathrm{d}x\mathrm{d}y$ 权重。

考虑到卫星红外云团变化,书中基于云团背景信息优化标准 HS 光流场。首先对前 N 个时次光流场采用加权求和得到新光流场;其次基于新光流场采用半拉格朗日预报,其中加权系数遵循"高斯分布"。

半拉格朗日预报是在同一时间步长内对终点总是位于网格点上流体质点进行追踪,并基于卫星云团运动矢量轨迹预报,适用于"大尺度"环境场旋转云团,其关键是计算流体轨迹,半拉格朗日轨迹方程定义为(Wang et al,2019):

$$\hat{F}(t_0+T,Z) = F(t_0,Z-\kappa) \tag{12.6}$$

式中,F 和 $\hat{F}$ 分别表示视场点观测和预报亮温;T 表示预报时效;t_0 表示预报开始时间;$\hat{F}(t_0+T,Z)$ 表示 t_0+T 时刻在位置 $Z=Z(x,y)$ 处预报值;κ 表示整个预报过程中云团位移矢量。

在半拉格朗日预报过程中,整个预报被分为 N 个时间步长,每个时间步长间隔为 Δt,则有 $N\Delta t=T$。通过公式(12.7)迭代求解得到每个时间步长 κ_m 值,最终位移矢量是时间步长 N 个矢量和。

$$\beta_m = \Delta t u(t_0,Z-\kappa_m/2) \tag{12.7}$$

12.4　云系识别试验与分析

FY-4A 位于地球静止轨道上,在观测或信号传输过程中可能受到干扰,而使卫星云图含有噪声。在使用标准 FCM 方法进行云图的台风云系识别前,先采用高斯核滤波进行云图去噪,方差设为 0.5。改进的 FCM 因对云图噪声有较强鲁棒性,故不需云图去噪。

因台风密蔽云区灰度有一定变化规律,本书采用阈值法对云图密蔽云区初步筛选,以剔除地表、海表等与云团无关信息。根据先验知识和优化试验,本书选取 285 K 作为 AGRI 大气窗区 10.8 μm 通道亮温密蔽云区阈值。

局部约束去偏移场 FCM 初始聚类中心通过 K 均值给定。因云层一般分为高云、中云和低云以及其他混合云等,本书参考 Berendes 等(2008)研究成果,仅对有云像素台风云图分为 6 类,取第 1 类作为主导云系识别结果。

本书主导云系定义为标准和改进 FCM 聚类法得到的聚类中心值最小的一类亮温像素点或视场点组合。以台风"玛莉亚"2018 年 7 月 10 日 00 时(世界时)采用标准 FCM 聚类法为例,得到的聚类中心分别为 212.28 K、227.29 K、240.50 K、255.03 K、268.65 K 和 281.31 K,则聚类中心为 212.28 K 的一类亮温子集为"主导云系"。采用改进 FCM 聚类法则聚类中心最小值得到的亮温子集为主导云系"边缘"。根据标准和改进 FCM 算法特点,依据不同云图,主导云系聚类中心值"动态变化",但均为聚类中心最小值一类。

2018 年 7 月 10 日 00 时(世界时)台风"玛莉亚(2018)"AGRI 云图、改进 FCM 识别结果、主导云系"边缘"结构和偏移场估计见图 12.3。

图 12.3　台风云图、改进 FCM 识别结果、主导云系与偏移场估计

区别于 Bibin（2018）滤波不同阶段图像，以解决"热带气旋的卫星图像直方图存在非零偏移场"问题，本书将此偏移场信息耦合到识别模型中，在识别出主导云系同时，估计出偏移场。

将有云像素的台风云图分为 6 类，且分类算法仅依赖云亮温值，每类对应不同云类型。因算法特性，如果选择分为 4 类或者 8 类，则对分类结果有一定影响，但对主导云系影响不大（图略）。本书给出的 6 类比较笼统，可能分为 6 类有待进一步探讨，但标准 FCM 得到的第一类结果与 GPM 降水场的分布较为一致（图 12.4）。

台风"玛莉亚（2018）"发展不同阶段基于标准 FCM 和局部约束去偏移场 FCM 的识别结果和主导云系 GPM 降水和偏移场分布见图 12.4。

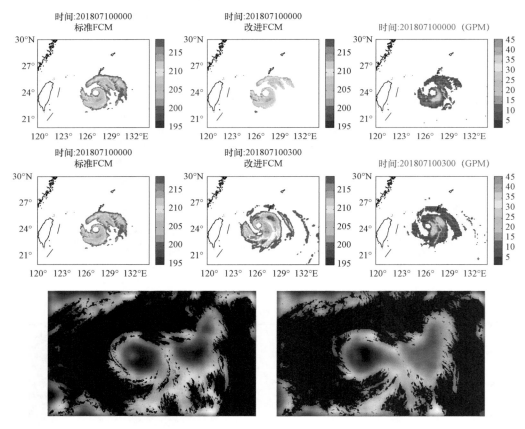

图 12.4　标准和改进 FCM(K)识别主导云系与 GPM 降水(mm/h)分布

由图 12.4 可知，改进 FCM 识别的台风主导云系亮温分布与 GPM 降水场具有较好一致性，AGRI 亮温低值区对应于 GPM 强降水区，能识别出台风"螺旋云带"。

12.5　云系预报试验与分析

在标准和改进 FCM 方法识别出台风"主导云系"基础上进行台风主导云系预报。基于标准光流法,引入前 4 个时次背景场光流场的加权求和结果得到背景场约束光流法(标记为:改进光流法)。本书开展预报试验只针对标准和改进 FCM 识别和聚类得到"主导云系"亮温,而非整幅卫星云图。且依赖于算法本身特点,不同方法得到主导云系区域并非完成相同。

由 2018 年 7 月 10 日 02:45 和 03:00(世界时)云系的标准和改进光流法的台风眼主导云系光流场分布见图 12.5。

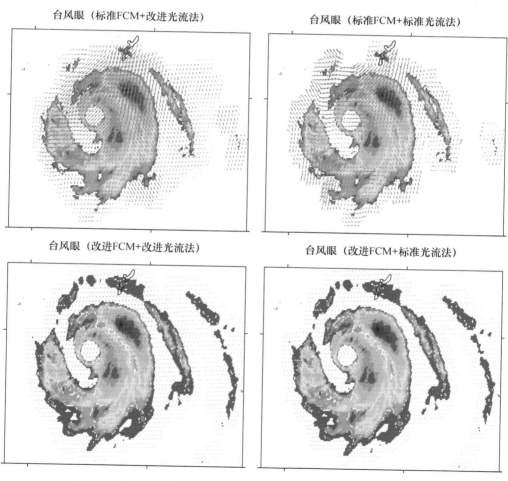

图 12.5　台风"玛莉亚(2018)"期间不同方法的"台风眼"光流场分布

区别于标准光流法仅考虑 2 幅连续图像间信息,背景场约束光流法引入了前 4 幅图像信息。由图 12.5 可知,引入背景场约束光流后流场信息比标准法更为丰富。因海洋上台风区域观测资料较少,可能较为可行的是预报结果与实际结果进行比较,但本书"实际"结果依赖于标准和改进 FCM 分类结果。后期将从台风热力、动力等结构去研究流场"走向"是否合理,从而验证本书方法是否可行。

FCM 识别主导云系实况、标准光流法和背景场约束光流法预报结果见图 12.6。其中标准光流法使用 2018 年 7 月 10 日 02:45 和 03:00 共 2 个时次数据。背景场约束在使用前 2 个时次数据基础上,再加上此时间点前 4 个时次数据,分别预测 15 min 后"主导云系"分布。

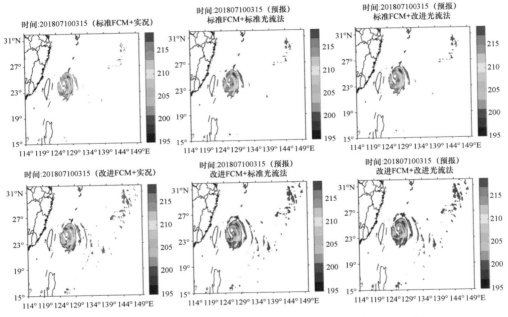

图 12.6　台风"玛莉亚(2018)"不同光流法预报结果与实况对比分析

由图 12.6 可知,标准和背景场约束光流法预报结果与实况较为一致。

表 12.1　基于不同方法的台风"玛莉亚(2018)"主导云系预报精度评估

方法	SSIM	PSNR	RSD	RMSE
FCM＋光流法	0.9595	22.2983	0.0146	0.0224
FCM＋改进光流法	0.9604	22.5849	0.0122	0.0217
改进 FCM ＋光流法	0.8993	20.2894	0.0249	0.0368
改进 FCM ＋改进光流法	0.9129	20.9948	0.0183	0.0340

由表 12.1 可知,基于标准和背景约束光流法预报台风"玛莉亚(2018)"主导云系

与 FCM 识别出的云系结构相似性较高,误差较小。因背景约束光流法引入了前几个时次光流信息,其预报效果优于标准光流法。

12.6　算法推广:雷达图像非线性外推试验

图 12.7 给出了影响上海的台风"安比(2018)"雷达图像基于背景场约束光流法和半拉格朗日法的非线性外推试验。

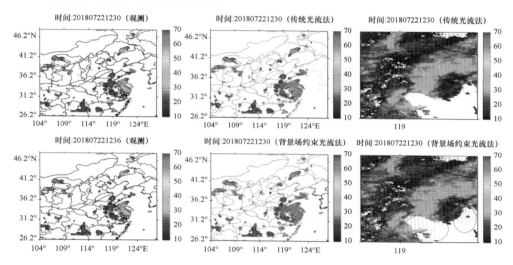

图 12.7　基于改进光流法的雷达图像外推(单位:dBZ)

表 12.2　基于标准和改进光流法的雷达图像外推精度评估

方法	预报时效/min	POD/%	FAR/%	CSI/%
光流法	30	76.742	27.544	59.410
改进光流法	30	77.702	27.107	60.282
光流法	60	63.041	41.981	43.292
改进光流法	60	63.709	42.152	43.509

结合图 12.7 和表 12.2 可知,引入背景场信息后,光流场信息更为丰富,可捕捉之前的相关信息(图 12.7 中"椭圆"标记),改进光流法的精度优于标准光流法。本书仅初步试验,精度不够理想,后期考虑引入数值预报产品(如,风场信息等)或基于集合卡尔曼滤波资料同化以优化光流场,进行较好预报。

12.7　算法推广:卫星遥感巢湖水体洪涝监测

因 2020 年 7 月受近期连续强降雨影响,巢湖境内河湖水位普遍迅速上涨。图

12.8 给出了基于聚类法和 GVF 模型利用卫星资料监测巢湖及周边水域水体的变化图。上一排图和下一排图分别为 5 月和 7 月的巢湖水体卫星监测图。

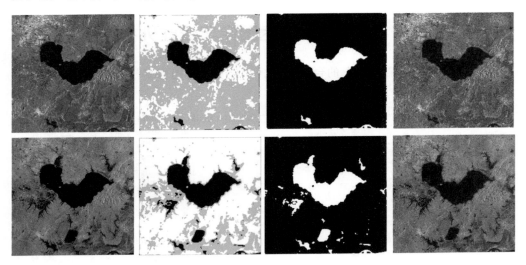

图 12.8 卫星巢湖及周边水体变化监测

由图 12.8 可知,巢湖主体北部、西部、南部区域有明显的水体增加。由分割识别结果可以得出,随着降雨的持续发生,有些水体面积有增加的趋势。为进一步识别出卫星图像中的所有水体部分可采用聚类法耦合水平集(Level Set)模型(图略)。

第 13 章　风云四号 AGRI 遥感定量化降水反演及预报业务系统

目前较为常用的外推模式系统为奥地利国家气象局研发的 INCA(Integrated Now-casting through Comprehensive Analysis)多源资料融合分析和短临外推预报系统。IN-CA 是基于多源观测及多系统产品融合技术、复杂地形订正技术和动力降尺度技术综合系统。该系统主要有 4 个分析和预报模块,分别为降水、温度、湿度和风。其中降水模块首先基于雷达、自动气象站等多源观测资料融合后得到格点定量降水估测,其次计算降水预报的移动矢量,最后结合模式预报的引导风场信息,外推预报降水(程丛兰等,2019)。INCA 使用了卫星资料的云量信息。本书主要聚集卫星红外光谱亮温资料在降水反演及预报中的应用,下面给出了本书作者研发流程和部分结果。

13.1　算法流程

图 13.1—图 13.3 为作者完成的基于风云四号 AGRI 红外光谱亮温资料对流云系识别、追踪、降水反演和临近预报等相关工作流程图,供感兴趣读者参考,相关技术问题可与本书作者联系。

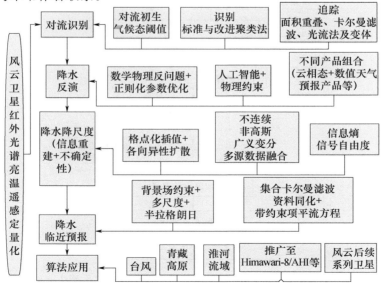

图 13.1　FY-4 卫星 AGRI 遥感定量化降水反演及预报算法构建及应用总流程

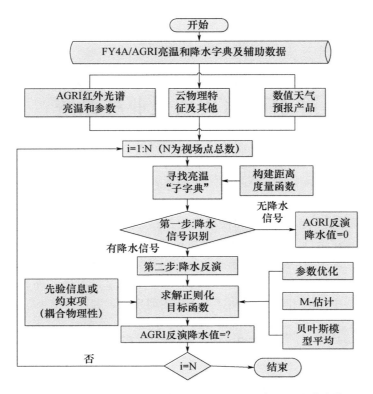

图 13.2 基于数学物理反问题耦合物理性的 AGRI 资料反演降水算法流程

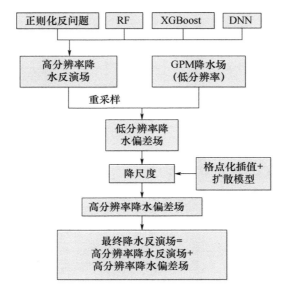

图 13.3 基于人工智能的高精度降水反演场降尺度算法流程

(DNN 表示深度神经网络,Deep Neural Network,DNN)

13.2　业务系统初步试验效果

图 13.4 给出了台风"温比亚(2018)"发展过程中 AGRI、基于 FCM 的云系分类识别、主导云系、基于数学反问题法的降水反演和采用标准光流法基于 AGRI 反演降水和 GPM 的 15 min 降水场预报分布。需要说明的是,此处的降水值参考 GPM 资料,此降水资料可能与自动站观测有差别,此处仅作为展示。后期将自动站降水作为真值开展研究及业务化运行。

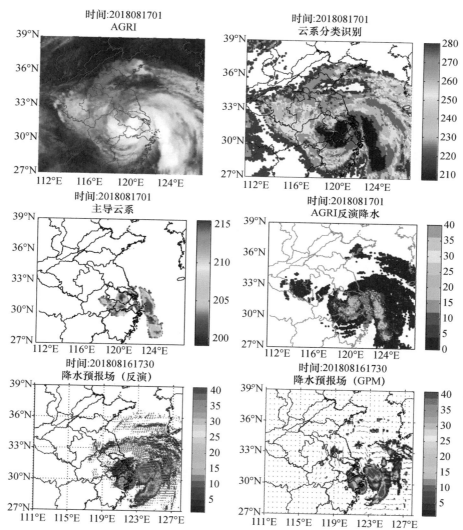

图 13.4　台风"温比亚(2018)"期间基于 AGRI 的主导云系识别(K)和光流法降水(mm/h)预报

参考文献

程丛兰,陈敏,陈明轩,等,2019.临近预报的两种高时空分辨率定量降水预报融合算法的对比试验[J].气象学报,77(4):701-714.

董超华,李俊,张鹏,等,2013.卫星高光谱红外大气遥感原理和应用[M].北京:科学出版社.

杜华栋,黄思训,石汉青,2008.高光谱分辨率遥感资料通道最优选择方法及试验[J].物理学报,57(12):7685-7692.

龚建东,2013.同化技术:数值天气预报突破的关键——以欧洲中期天气预报中心同化技术演进为例[J].气象科技进展,3(3):6-13.

官莉,2008.星载红外高光谱资料的应用[M].北京:气象出版社.

何宜宝,毕笃彦,2013.基于广义拉普拉斯分布的图像压缩感知重构[J].中南大学学报(自然科学版),44(8):3196-3202.

和杰,2016.GRAPES-3DVAR中非高斯分布观测误差资料的变分质量控制研究[D].南京:南京信息工程大学.

黄思训,伍荣生,2001.大气科学中的数学物理问题[M].北京:气象出版社.

廖国男,2004.大气辐射导论[M].北京:气象出版社.

刘成璟,章向明,唐佑民,2015.东亚夏季风降雨的可预报性研究[J].海洋学研究,33(4):17-29.

刘辉,2006.利用超高光谱分辨率大气红外探测仪(AIRS)进行大气温度廓线反演试验研究[D].北京:中国气象科学研究院.

潘旸,沈艳,宇婧婧,等,2015.基于贝叶斯融合方法的高分辨率地面-卫星-雷达三源降水融合试验[J].气象学报,73(1):177-186.

邵文泽,韦志辉,2006.各向异性扩散与M-估计的比较研究[J].计算机工程与应用,42(31):43-45.

孙绍辉,李万彪,黄亦鹏,2019.利用Himawari-8卫星红外图像反演降雨[J].北京大学学报(自然科学版),55(2):215-226.

王根,2014.FY-3B/IRAS资料偏差订正、云检测、质量控制和同化测试[D].南京:南京信息工程大学.

王根,华连生,刘惠兰,等,2015.基于最小剩余法的FY-3B/IRAS资料云检测研究[J].红外,36(9):15-20,29.

王根,刘文静,唐怀瓯,等,2016.同化FY3B/IRAS资料对GRAPES分析场影响诊断[J].气象与环境科学,39(3):15-21.

王根,刘晓蓓,杨寅,等,2014a.双权重质量控制法FY-3B/IRAS资料中的应用研究[J].成都信息工程学院学报,29(6):609-615.

王根,陆其峰,张建伟,等,2014b.高光谱大气红外探测器通道选择方法及试验研究[J].遥感技术与应用,29(5):795-802.

王根,陆雅君,王悦,等,2020a.KNN不同距离度量对FY-4A/AGRI红外亮温反演降水的影响研究

[J].红外,41(4):41-48.

王根,盛绍学,黄勇,等,2017a.基于不适定反问题求解的降水图像降尺度研究[J].地球科学进展,32(10):1102-1110.

王根,盛绍学,刘惠兰,等,2017b.基于L1-范数正则项约束的不连续资料三维/四维变分融合研究[J].地球科学进展,32(7):757-768.

王根,唐飞,刘晓蓓,等,2017c.M-估计法广义变分同化FY-3B/IRAS通道亮温[J].遥感学报,21(1):52-61.

王根,王东勇,吴蓉,2020b.Himawari-8/AHI红外光谱资料降水信号识别与反演初步应用研究[J].红外与毫米波学报,39(2):251-262.

王根,张华,杨寅,2017d.高光谱大气红外探测器AIRS资料质量控制研究进展[J].地球科学进展,32(2):139-150.

王根,张建伟,陈允杰,等,2010.一种各向异性GVF模型的心脏左心室MR图像分割模型[J].计算机辅助设计与图形学学报,22(11):1887-1891.

王根,张建伟,温华洋,等,2018.基于带约束项广义变分同化AIRS云影响亮温研究[J].高原气象,37(1):253-263.

王根,张正铨,邓淑梅,等,2019.基于广义变分和误差重估计高光谱AIRS通道亮温同化[J].红外与毫米波学报,38(4):371-379.

王伟,刘娟,孟志斌,2014.基于时序遥感卫星云图的对流云团动态追踪预测[J].电子学报,42(4):804-808.

徐苏,杨红,2011.基于贝叶斯估计的加权最小二乘分布式融合[J].探测与控制学报,33(6):46-51.

薛纪善,陈德辉,2008.数值预报系统GRAPES的科学设计与应用[M].北京:科学出版社.

燕亚菲,谈建国,崔林丽,等,2019.利用葵花8号(Himawari-8)高时空分辨率的红外亮温资料估计台风莫兰蒂的短时强降水及其演变[J].气象,45(3):318-329.

尹若莹,韩威,高志球,等,2019.基于风云四号A星探测区域模式背景误差和观测误差估计的长波红外通道选择研究[J].气象学报,77(5):898-910.

曾庆存,1974.大气红外遥测原理[M].北京:科学出版社.

曾忠一,2006.大气科学中的反问题——反演、分析与同化[M].台北:编译馆.

张保林,刘玉,卢涵宇,等,2018.降水系统对FY-2F降水临近预报可预报性影响分析[J].广西大学学报(自然科学版),43(2):612-619.

张华,薛纪善,庄世宇,等,2004.GRAPeS三维变分同化系统的理想试验[J].气象学报,62(1):31-41.

张涛,2013.基于LAPS/STMAS的多源资料融合及应用研究[D].南京:南京信息工程大学.

朱国富,2015.数值天气预报中分析同化基本方法的历史发展脉络和评述[J].气象,41(8):986-996.

朱江,1995.观测资料的四维质量控制:变分法[J].气象学报,53(4):480-487.

Ameur Z, Ameur S, Adane A, et al, 2004. Cloud classification using the textural features of meteosat images[J]. Int J Remote Sens, 25 (21): 4491-4504.

Arai K, Liang X. 2009. Sensitivity analysis for air temperature profile estimation methods around the tropopause using simulated Aqua/AIRS data[J]. Adv Space Res, 43(1):845-851.

Berendes T A，Mecikalski J R，MacKenzie W M，et al，2008. Convective cloud identification and classification in daytime satellite imagery using standard deviation limited adaptive clustering[J]. J Geophys Res,113,D20207.

Bewley T R，Temam R，Ziane M，2000. A general framework for robust control in fluid mechanics [J]. Physica D：Nonlinear Phenomena,138(3/4)，360-392.

Bhar L，2007. Robsut regression. http://iasri. res. in/design/ ebook/EBADAT/3-Diagnostics％20and％20Remedial％20Measures/5ROBUST％ 20REGRESSION1. pdf.

Bibin J，Sachin T，Sheeba J R，2018. A novel framework for objective detection and tracking of TC center from noisy satellite imagery[J]. Adv Space Res，62(1)：44-54.

Brad R，Popovici Z O，2010. Infrared satellite image segmentation[C]//9th Roedunet International Conference (RoEduNet)：100-105.

Breiman L，2001. Random forests[J]. Machine Learning，45(1)：5-32.

Chang Shujie，Sheng Zheng，Du Huadong，et al，2019. Channel selection method for hyperspectral atmospheric infrared sounder using AIRS data based on layering[J]. https://doi. org/10. 5194/ amt-2019-183.

Chen Ren，Gao Cong，Wu Xiaowei，et al，2019. Application of FY-4 atmospheric vertical sounder in weather forecast[J]. J Infrared MillimWaves，38(3)：285-289.

Collard A，Saunders R，Cameron J，et al. 2003. Assimilation of data from AIRS for improved numerical weather prediction [C]//13thInternational TOVS Study Conferences. Adele，Canada，2003.

Collet C，Louys M，Oberto A，2003. Markov model for multi-spectral image analysis：application to small magellanic cloud segmentation[C]//International Conference on Image Processing. 1：953-956.

Dee D P，2004. Variational bias correction of radiance data in the ECMWF system[C]//Proceedings of the ECMWF Workshop on Assimilation of High Spectral Resolution Sounders in NWP，Reading，UK,2004.

Desroziers G,Berre L，Chapnik B，et al. 2005. Diagnosis of observation，background and analysis-error statistics in observation space[J]. Q J R Meteorol Soc，131 (613)：3385-3396.

Di D，Li J，Han W,et al，2018. Enhancing the fast radiative transfer model for FengYun-4 GIIRS by using local training profiles[J]. J Geophys Res：Atmospheres，123. https://doi. org/10. 1029/ 2018JD029089.

Ebtehaj A M，Bras R L，Foufoula-Georgiou E. 2015. Shrunken Locally Linear Embedding for Passive Microwave Retrieval of Precipitation[J]. IEEE Trans Geosci and Remote Sens，53(7)：3720-3736.

Ebtehaj A M，Foufoula G E，Lerman G. 2012. Sparse regularization for precipitation downscaling [J]. Journal of Geophysical Research：Atmospheres，117 (8)，[D08107]. DOI：10. 1029/2011JD017057.

Ebtehaj A，Foufoula-Georgiou E，Lerman G,et al，2015. Compressive earth observatory：An insight from AIRS/AMSU retrievals[J]. Geophysical Research Letters，42：362-369.

Ebtehaj，A M，Foufoula-Georgiou E，Zhang S Q，et al，2012. Non-Smooth Variational Data Assimilation with Sparse Priors[J/OL]. https：//www. researchgate. net/ publication/228096140.

Ebtehaj A M，Zupanski M，Lerman G，et al. 2014. Variational data assimilation via sparse regularization[J]. Tellus A，66：21789.

Evensen G，2009. Data assimilation：the ensemble Kalman filter[M]. Springer Science & Business Media：307.

Fan Sihui，Han Wei，Gao Zhiqiu，et al，2019. Denoising algorithm for the FY-4A GIIRS based on principal component analysis[J]. Remote Sens，11：2710.

Fethi O，Mourad L，Soltane A，2018. Improvement of rainfall estimation from MSG data using Random Forests classification and regression [J]. Atmospheric Research，211：62-72.

Fowler A，2017. A sampling method for quantifying the information content of IASI channels[J]. Mon Wea Rev，145(2)：709-725.

Fowler A，Leeuwen J V，2013. Observation impact in data assimilation：the effect of non-Gaussian observation error[J]. Tellus A：Dynamic Meteorology and Oceanography，65：1，20035，doi：10. 3402/tellusa. v65i0. 20035.

Goldberg M D，Zhou L H，Wolf W，et al，2004. Principal Component Analysis (PCA) of AIRS Data [EB/OL]. https：//www. ecmwf. int/ sites/default/files/elibrary/2004/ 9615-principal-component-analysis-pca-airs-data. pdf.

Han W，Bormann N，2016. Constrained adaptive bias correction for satellite radiances assimilation in the ECMWF 4D-Var[C]// EGU General Assembly Conference. EGU General Assembly Conference Abstracts.

Han X H，Chen Y W，Nakao Z，et al，2003. ICA-domain filtering of Poisson noise images[C]// Third International Symposium on Multispectral Image Processing and Pattern Recognition. https：//doi. org/10. 1117/12. 538663.

Harris B A，Kelly G，2001. A satellite radiance-bias correction scheme for data assimilation[J]. Q J R Meteorol Soc，127(574)：1453-1468.

He X G，Chaney N W，Schleiss M，et al，2016. Spatial downscaling of precipitation using adaptable random forests[J]. Water Resour Res，52：8217-8237.

Hirose H，Shige S，Yamamoto M K，et al，2019. High temporal rainfall estimations from Himawari-8 multiband observations using the random-forest machine- learning method [J]. J Meteor Soc Japan，97：689-710.

Hocking J，Rayer P，Rundle D，et al，2015. RTTOV v11 Users Guide[Z]. NWPSAF-MO- UD-028，Met Office，Exeter，UK，2015. https：//nwpsaf. eu/site/download/ documentation/rtm/docs_ rttov11/users_guide_11_v1. 4. pdf.

Horn B K P，Schunck B G，1981. Determining optical flow[J]. Artificial Intelligence，17(1-3)：185-203.

Huber P J，1964. Robust estimation of a location parameter[J]. Ann Math Statist，35 (1)：73-101.

Huber P J，1981. Robust Statistics[M]. New York：John Wiley & Sons Inc.

James A，John F，Le M，et al，2009. The Development of Hyperspectral Infrared Water Vapor Radiance Assimilation Techniques in the NCEP Global Forecast System[R]. ECMWF/EUMET-SAT NWP-SAF Workshop on the assimilation of IASI in NWP，6-8 8 May 2009.

Jason A O，Roland P，Amos S L，2018. Nonlinear bias correction for satellite data assimilation using Taylor series polynomials[J]. Mon Wea Rev,146：263-285.

Joaquín G S，Joan S S，Joan B R，2017. Hyperspectral IASI L1C Data Compression[J]. Sensors，17：1404. doi：10.3390/s17061404.

Joiner J，Brin E，Treadon R，et al，2007. Effects of data selection and error specification on the assimilation of AIRS data [J]. Q J R Meteorol Soc，133(622)：181-196.

Law K J H.，Stuart A M，2012. Evaluating data assimilation algorithms[J]. Mon Wea Rev，140(11)：3757-3782.

Lee Y J，Daehyeon H，Ahn M H，et al，2019. Retrieval of total precipitable water from Himawari-8 AHI Data：A comparison of Random Forest，extreme gradient boosting，and deep neural network[J]. Remote Sens，11(15)：1741.

Lee Y K，Li J，Li Z，et al，2017. Atmospheric temporal variations in the Pre-landfall environment of typhoon Nangka (2015) observed by The Himawari-8 AHI[J]. Asia-Pac J Atmos Sci，53：431-443.

Li Jun，Han Wei，2017. A step forward toward effectively using hyperspectral IR sounding information in NWP[J]. Adv Atmos Sci,34：1263-1264.

Li Juan and Liu Guiqing，2016. Direct assimilation of Chinese FY-3C Microwave Temperature Sounder-2 radiances in the global GRAPES system[J]. Atmos Meas Tech,9：3095-3113.

Liu Y，Xi D G，Li Z L，et al，2015. A new methodology for pixel-quantitative precipitation nowcasting using a pyramid Lucas Kanade optical flow approach[J]. Journal of Hydrology，529(1)：354-364.

Liu Z Q，Qi C L，2005. Robust variational inversion：with simulated ATOVS radiances. http：//cimss.ssec.wisc.edu/ itwg/itsc/ itsc14/ proceedings/.

Lorenc A,1984. Analysis methods for the quality control of observation [C]// In Proceedings of ECMWF workshop on the use and quality control of meteorological observation for numerical weather prediction. Available from ECMWF，Reading，UK,397-428,1984.

Lucas B D，Kanade T，1981. An iterative image registration technique with an application to stereo vision[C]//International Joint Conference on Artificial Intelligence. Morgan Kaufmann Publishers Inc. 1981：674-679.

Markus N，2010. Estimating daily land surface temperatures in mountainous environments by reconstructed MODIS LST data[J]. Remote Sensing,2：333.

McNally A P，Watts P D，2003. A cloud detection algorithm for high spectral- resolution infrared sounders[J]. Q J R Meteorol Soc，129(595)：3411-3423.

Min M，Bai C，Guo J P，et al，2019. Estimating summertime precipitation from Himawari-8 and global forecast system based on machine learning[J]. IEEE Trans Geosci and Remote Sens,57(5)：2557-2570.

Min M，Wu C Q，Li C，et al，2017. Developing the science product algorithm testbed for Chinese next-generation geostationary meteorological satellites：Fengyun-4 series［J］. Journal of Meteorological Research，31(4)：708-719.

Mohamed N A，Sameh M Y，Nevin M，et al，2002. A modified fuzzy C-Means algorithm for bias field estimation and segmentation of MRI data［J］. IEEE Trans Med Imaging，21(3)：193-199.

Mukherjee D P，Acton S T，2002. Cloud tracking by scale space classification［J］. IEEE Trans Geosci and Remote Sens，40(2)：405-415.

Noh Y，Sohn B，Kim Y，et al，2017. A new infrared atmospheric sounding interferometer channel selection and assessment of its impact on Met Office NWP forecasts［J］. Adv Atmos Sci，34(11)：1265-1281.

Perona P，Malik J，1990. Scale-space and edge detection using anisotropic diffusion［J］. IEEE Transactions on PAMI，12(7)：629-639.

Purser R J，1984. A new approach to the optimal assimilation of meteorological data by iterative Bayesian analysis. Preeedings of 10th Conf［C］// On weather forecasting and analysis，American Meteorological Society，102-105.

Raftery A E，GneitingT，Balabdaoui F，et al，2005. Using Bayesian model averaging to calibrate forecast ensembles［J］. Mon Wea Rev，133(5)：1155-1174.

Rao V，Sandu A，Michael N，et al，2017. Robust data assimilation using L1 and Huber norms［J］. SIAM Journal on Scientific Computing，39(3)：B548-B570.

Rodgers C D，1998. Information content and optimization of high spectral resolution measurements［J］. Adv Space Res，21(3)：361-367.

Saunders R，Hocking J，Turner E，et al，2018. An update on the RTTOV fast radiative transfer model（currently at version 12)［J］. Geosci Model Dev，11：2717-2737.

Sharifi E，Saghafian B，Steinacker R，2019. Downscaling satellite precipitation estimates with multiple linear regression，artificial neural networks，and spline interpolation techniques［J］. J Geophys Res Atmospheres，124：789-805.

Shen Y，Zhao P，Pan Y，et al，2014. A high spatiotemporal gauge-satellite merged precipitation analysis over China［J］. J Geophys Res：Atmospheres，119(6)：3063-3075.

Sim S，Im J，Park S，et al，2018. Icing detection over East Asia from geostationary satellite data using machine learning approaches［J］. Remote Sens，10：631.

So Damwon，Shin Dong-Bin，2018. Classification of precipitating clouds using satellite infrared observations and its implications for rainfall estimation［J］. Q J R Meteorol Soc，144（Suppl. 1)：133-144.

Sounak K B，Chandrasekar V，2018. Cross-validation of observations between the GPM dual-frequency precipitation radar and ground based dual-polarization radars［J］. Remote Sens，10(11)，1773-1791.

Strow L L，Hannon S E，De Souza-Machado S，et al，2003. An overview of the AIRS radiative transfer model［J］. IEEE Transactions on Geoscience and Remote Sensing，41(2)：303-313.

Tachim Medjo T，2002. Iterative methods for a class of robust control problems in fluid mechanics

[J]. SIAM Journal on Numerical Analysis，39(5)：1625-1647.

Tamang S K，Ebtehaj A，Zou D，et al，2020. Regularized variational data assimilation for bias treatment using the wasserstein metric[J]. Q J R Meteorol Soc. https://doi.org/10.1002/qj.3794. arXiv:2003.02421.

Tao Y，Hsu K，Ihler A，et al，2018. A two-stage deep neural network framework for precipitation estimation from bispectral satellite information[J]. J Hydrometeorol. 19(2)：393-408.

Tavolato C，Isaksen L，2015. On the use of a Huber norm for observation quality control in the ECMWF 4D-Var[J]. Q J R Meteorol Soc，141(690)：1514-1527.

Thomas P，Fourrie N，Guidard V，et al，2009. Assimilation of AIRS radiances affected by mid-to low-level clouds[J]. Mon Wea Rev，137 (12)：4276-4292.

Turini N，Thies B，Bendix J，2019. Estimating high spatio-temporal resolution rainfall from MSG1 and GPM IMERG based on machine learning: Case study of iran [J]. Remote Sens，11 (19):2307.

Turk F J，Arkin P，Ebert E E，et al，2008. Evaluating high resolution precipitation products[J]. Bull Amer Meteor Soc，89:1911-1916.

Wang Gen，Wang Dongyong，Han Wei，et al，2019. Typhoon cloud system identification and forecasting using the Feng-Yun 4A/Advanced Geosynchronous Radiation Imager based on an improved fuzzy clustering and optical flow method [J]. Adv Meteorol，Article ID 5890794，11 pages.

Wang Gen，Wang Kefu，Han Wei，et al，2020. Typhoon Maria precipitation retrieval and evolution based on the infrared brightness temperature of the Feng-Yun 4A/advanced geosynchronous radiation imager[J]. Adv Meteorol，Article ID 4245037，12 pages.

Wang Gen，Zhang Jianwei，2014. Generalised variational assimilation of cloud-affected brightness temperature using simulated hyper-spectral atmospheric infrared sounder data[J]. Adv Space Res，54(1):49-58.

Wang Y，Liu Z，Yang S，et al，2018. Added value of assimilating Himawari-8 AHI water vapor radiances on analyses and forecasts for "7.19" severe storm over north China[J]. Journal of Geophysical Research: Atmospheres，123:3374-3394.

Wei K，Li Y，Jing Z，2009. Typhoon cloud system segmentation with multichannel images using vector-valued Chan-Vese model[C]//In Proceedings of SPIE-The International Society for Optical Engineering，2009，Vol 7494，Bellingham WA，United States. Oct.

Weng F，Han Y，van Delst P，et al，2005. JCSDA community radiative transfer model (CRTM) [C]//Proc 14th Int. ATOVS Study Conf：217-222.

Weston P，Bell W，2014. Accounting for correlated error in the assimilation of high-resolution sounder data[J]. Q J R Meteorol Soc，140(685)：2420-2429.

Xu Dongmei，Auligné Thomas，Descombes Gaël，et al，2016. A method for retrieving clouds with satellite infrared radiances using the particle filter[J]. Geosci Model Dev，9:3919-3932.

Yang J，Zhang Z，Wei C，et al，2017. Introducing the new generation of Chinese geostationary weather satellites-FengYun 4 (FY-4) [J]. Bull Amer Meteor Soc，98(8)：1637-1658.

Zhang C，Lu X，Lu J，et al，2008. Segmentation for main body of typhoon from satellite cloud image by genetic algorithm in contourlet domain[C]//Vol 1 Proceedings of the Third International Conference on Convergence and Hybrid Information Technology (ICCIT). IEEE Computer Society，Los Alamitos，CA，USA：352-357.

Zhang Qi，Yu Yi，Zhang Weimin，et al，2019. Cloud detection from FY-4A's geostationary interferometric infrared sounder using machine learning approaches[J]. Remote Sens，11，3035. doi：10. 3390/rs11243035.

致谢：感谢我的导师们和其他国内外专家（在发表论文中已致谢）提供的帮助和指导。感谢曾参与或正在参与的创新团队的所有成员。是您们将我带进了科学的殿堂，让我感受"数学"的魅力。感谢我曾学习过和工作过部门的老师们、领导们的帮助和指导。

声明：本书中所表达的任何意见、结果、结论或建议都是作者的观点，并不一定反映所支持出版基金的观点。